マリタイムカレッジシリーズ

船の電機システム
［ワークブック］

商船高専キャリア教育研究会 編

KAIBUNDO

■**執筆者一覧**

CHAPTER 2	大山　博史	（広島商船高等専門学校）
CHAPTER 3	窪田　祥朗	（鳥羽商船高等専門学校）
CHAPTER 4	山本桂一郎	（富山高等専門学校）
CHAPTER 5	村岡　秀和	（広島商船高等専門学校）
CHAPTER 6	村岡　秀和	
CHAPTER 7	伊藤　正一	（大島商船高等専門学校）
	吉岡　　勉	（大島商船高等専門学校）
	清水　聖治	（大島商船高等専門学校）
	向瀬紀一郎	（弓削商船高等専門学校）
	大山　博史	
	窪田　祥朗	
	山本桂一郎	
	村岡　秀和	
コラム	大山　博史	〔p.22，p.122，p.123〕
	村岡　秀和	〔p.94〕
	向瀬紀一郎	〔p.114〕
イラスト制作	向瀬紀一郎	

■**編集幹事**

窪田　祥朗

読者へのメッセージ

　本書は，マリンエンジニア（機関士，海事関連技術者）を目指す学生を対象にした教科書「船の電機システム」のワークブックとして作成されたものです。また，船舶における電機システムの問題集はほとんどないことから，この部分に特化して問題が作成されています。そのため，本書は CHAPTER 2 から始まります。教科書の CHAPTER 1 は，電気機器の基礎について記述されていますので，問題を解く際の参考にしてください。各問題は教科書に準拠して掲載順に出題されており，解答しやすいように工夫されています。船舶運航に必要な電機システム，電気工学技術について理解を深めてもらうため，また，海技免状の取得を目指してもらうために，精選された問題だけを本書に掲載しました。とくに，海技士国家試験に出題される内容が理解できるように，問題を作成しています。このワークブックを活用すれば，初等機関士として最低限必要な電気工学の知識を理解できると考えています。

　本書は，表紙に記したように「ちぎって使える！」をコンセプトに作成されています。各問題をワークブックから切り離せることが特徴であり，問題をノートに貼って，読者自身が解答をまとめられるようになっています。問題と解答が見比べやすいように，問題のページと解答のページは交互に配置されています。解答，解説をアレンジしながら，読者自身が見やすい解答ノートを作成してほしいと思います。解答は教科書も参考にして，自身で納得のいく，わかりやすいノートに仕上げてください。

　本書には教科書と同様に，問題文に❶❷❸と記号を付しています。この記号部分が，海技士国家試験の出題内容です。❶❷に関しては一級，二級海技士（機関）の筆記試験内容，❸に関しては三級海技士（機関）の口述試験内容になっ

ています．

　教科書には記載されていないが重要となる部分については，教科書補足事項として問題ページに記載しており，問題を解く際のヒントになっています．また，海技士国家試験には出題されていないが重要な部分については，コラムとして記載しています．この部分についても目を通してほしいと思います．

　現在，大気汚染防止対策として，入港中は船内電源を陸電に切り替えるなどの措置が検討されています．この対策が進むと，陸上の送電電圧（6600 V）に合わせるように船舶の高電圧化が加速され，電気推進船も普及していくと考えられます．今後は，自然エネルギー，再生可能エネルギーによる発電も要求され，さらにパワーエレクトロニクス技術による電動機制御の高精度化，省エネルギー化，大電力化が期待されています．船舶における電機システムの占める割合は高くなり，電気工学技術の修得が重要になっていくでしょう．これらのことを念頭に置いて，教科書とともに本書を活用し，船舶に必要な電気工学知識を理解しておいてほしいと考えます．

　執筆者一同，読者のみなさんが海技士国家試験に合格できるように，また，将来は機関士として，さらには機関長として活躍してもらえるように，と思いながら，教科書に引き続き本書を執筆しました．ぜひ，機関長，機関士として乗船し，日本経済を支え，担ってほしいと願っています．飛躍を期待するとともに，本書がその一助になればと考えます．

　最後になりましたが，出版に際し，多くの方々に支えていただきました．川崎汽船，テラテック，JRCS，寺崎電気産業，全日本船舶職員協会から，貴重な資料，機器の写真などをご提供いただき，また，各校の教職員のみなさまにご協力いただきました．厚くお礼申し上げます．刊行に当たり全般にご指導いただきました海文堂出版の岩本登志雄氏に，衷心より感謝申し上げます．

編集幹事
窪田祥朗（鳥羽商船高等専門学校）

目　　次

執筆者一覧 …………………………………………………………………… *2*
読者へのメッセージ ………………………………………………………… *3*

CHAPTER 2　変圧器 ………………………………………………… *7*
　　2.1　変圧器の原理 ………………………………………………… *7*
　　2.2　変圧器の構造 ………………………………………………… *10*
　　2.3　変圧器の理論 ………………………………………………… *14*
　　2.4　変圧器の結線 ………………………………………………… *18*
　　2.5　計器用変成器 ………………………………………………… *19*
　　2.6　単巻変圧器 …………………………………………………… *19*

CHAPTER 3　同期発電機 …………………………………………… *23*
　　3.1　同期発電機の原理 …………………………………………… *23*
　　3.2　同期発電機の構造 …………………………………………… *23*
　　3.3　同期発電機の理論 …………………………………………… *27*
　　3.4　同期発電機の並行運転（並列運転） ……………………… *35*
　　3.5　同期発電機の保守 …………………………………………… *43*

CHAPTER 4　誘導電動機 …………………………………………… *47*
　　4.1　三相誘導電動機の種類と構造 ……………………………… *47*
　　4.2　三相誘導電動機の原理 ……………………………………… *51*
　　4.3　三相誘導電動機の理論 ……………………………………… *54*
　　4.4　三相誘導電動機の特性 ……………………………………… *58*
　　4.5　三相誘導電動機の運転 ……………………………………… *63*
　　4.6　特殊かご形誘導電動機 ……………………………………… *67*

	4.7 単相誘導電動機 ……………………………………	*67*
	4.8 三相誘導電動機の保守 ………………………………	*70*

CHAPTER 5 シーケンス制御 …………………………………… *75*

    5.1 シーケンス制御の部品と記号 ………………………… *75*

    5.2 シーケンス制御基本回路 ……………………………… *79*

    5.3 シーケンス制御応用回路 ……………………………… *86*

CHAPTER 6 パワーエレクトロニクス …………………………… *95*

    6.1 電力用半導体 …………………………………………… *95*

    6.2 整流回路と順変換 ……………………………………… *102*

    6.3 インバータ ……………………………………………… *107*

CHAPTER 7 船舶における電気技術 ……………………………… *113*

    7.1 配電システム …………………………………………… *113*

    7.2 非常用電源 ……………………………………………… *125*

    7.3 軸発電機 ………………………………………………… *129*

    7.4 電気推進船 ……………………………………………… *132*

〔コラム〕 電気絶縁材料の耐熱クラス …………………………………… *22*

          電動機の正転逆転シーケンス制御回路 ………………………… *94*

          高圧配電システム ………………………………………………… *114*

          絶縁抵抗計（メガー）による測定法と測定時の注意事項 ……… *122*

          船内配線 …………………………………………………………… *123*

CHAPTER 2

変圧器

2.1 変圧器の原理

問 2-1 ★☆☆　次の文章の空欄に適する語句を答えよ。

変圧器は交流電圧を（①　　　　　　）したり，（②　　　　　　）したりする電磁機器であり，（③　　　　　　）に巻線を巻いたもので，電源側を（④　　　　　　）巻線，負荷側を（⑤　　　　　　）巻線という。変圧器は英語で（⑥　　　　　　）という。

問 2-2 ★☆☆　次の文章の空欄に適する語句を答えよ。

変圧器の一次巻線に電流を流すと，鉄心中に（①　　　　　）Φ が生じる。しかし①が通るだけでは二次巻線に起電力は生じない。二次起電力を発生させるためには①を（②　　　　　）させる必要がある。

問 2-3　次の語句を英訳せよ。
① 一次巻線　　② 二次巻線　　③ 巻数比　　④ 磁束

問 2-4 ★☆☆　変圧器の図記号を書け。

問 2-5 ★☆☆　変圧器の一次巻線の巻数が 200，二次巻線の巻数が 1000 であるとき，巻数比 a を求めよ。

問 2-6 ★☆☆ ❸　変圧器の一次巻線の巻数が 2000，二次巻線の巻数が 40 であるとき，巻数比 a を求めよ。

問 2-7 ★☆☆ ❸　二次側電圧を AC 12 V としたい。一次側電圧が AC 240 V のとき，巻数比 a を求めよ。

手のひらに乗る変圧器

変圧設備

CHAPTER 2 　変圧器

～～～～～～～～～～～～～～～　解答　～～～～～～～～～～～～～～～

【2-1】 ①高く

②低く

③鉄心

④一次

⑤二次

⑥ Transformer

【2-2】 ①磁束

②変化

【2-3】 ① Primary winding

② Secondary winding

③ Turn ratio

④ Magnetic flux

【2-4】

【2-5】 $a = \dfrac{N_1}{N_2} = \dfrac{200}{1000} = 0.2$

【2-6】 $a = \dfrac{N_1}{N_2} = \dfrac{2000}{40} = 50$

【2-7】 $a = \dfrac{V_1}{V_2} = \dfrac{240}{12} = 20$

問 2-8 ★☆☆　一次電圧 5500 V，二次電圧 110 V の変圧器がある。次の値を計算せよ。ここで，変圧器の損失はないものとする。
(1) 変圧比を求めよ。
(2) 一次側に 6000 V を加えたときの二次電圧を求めよ。
(3) 二次電圧を 100 V にするための一次電圧を求めよ。

問 2-9 ★☆☆　一次電圧 5940 V のとき，二次電圧 110 V が出力される変圧器がある。一次側に 6480 V を加えた。以下の計算をせよ。
(1) ❸ 巻数比を求めよ。
(2) 無負荷二次電圧はいくらになるか。
(3) 二次電圧を 80 V にするためには，一次に供給する電圧はいくらか。

問 2-10 ★☆☆　一次電流 0.5 A，二次電流 2.5 A の変圧器がある。以下を計算せよ。
(1) 変流比を求めよ。
(2) 一次巻線を 500 回とすると，二次巻線の巻数はいくらか。

問 2-11 ★☆☆　巻数比 $a = 12$ の変圧器の一次側電流が 2 A であった。二次側電流を求めよ。

問 2-12 ★☆☆　二次巻線の巻数が 400 であるとする。コイルを貫く磁束が，1 ms の間に 5×10^{-3} Wb だけ増加すると，このときコイルに発生する誘導起電力を求めよ。

2.2　変圧器の構造

問 2-13 ★☆☆　次の文章の空欄に適する語句を答えよ。
　変圧器は磁束が通る（①　　　　　　　）と，①に巻かれて電流が流れる（②　　　　　　　）から成り立っている。また，②間に電流が流れないようにするための絶縁体が必要であるが，多くの場合（③　　　　　　　）が用いられる。また，③は変圧器を冷却するための（④　　　　　　　）としての役割も兼ねている。

問 2-14 ★☆☆　次の文章の空欄に適する語句を答えよ。

変圧器の鉄心内の損失は（①　　　　　　　　　）と呼ばれ，（②　　　　　　　　）と（③　　　　　　　　　）の和である。また，①を生じる余分な電流は（④　　　　　　　　　）と呼ばれる。また，変圧器の配線抵抗による損失は（⑤　　　　　　　　　）と呼ばれる。

問 2-15　右図について以下の問いに答えよ。

(1) ★☆☆　変圧器の巻線などに励磁電流を流し，鉄心のような磁性体を一度磁化する。その励磁電流を止めて磁界の強さを0にしても，磁束は②点までしか下がらない。このときの磁気を何というか。

(2) ★☆☆　磁界の強さ（電流）を大きくしても，磁束密度は①点より高くならない。このような現象を何と呼ぶか。

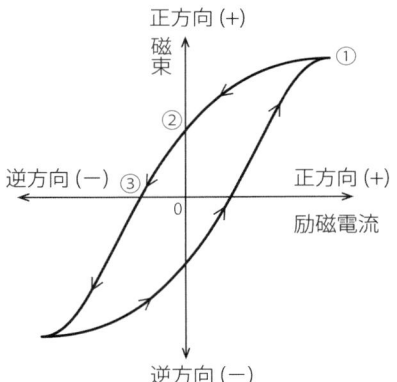

(3) 図のような曲線を何と呼ぶか。また，それによる電力の損失を何というか。

問 2-16 ★☆☆　次の文章の空欄に適する語句を答えよ。

電気機器において磁性体を貫く磁束が変化すると（①　　　　　　　　　）が発生する。これによる電力の損失を（②　　　　　　　　）という。この電流を小さくするため（③　　　　　　　　）が用いられる。

問 2-17 ★☆☆　次の語句を英訳せよ。
① 鉄損　　② うず電流損　　③ 銅損

問 2-18 ★☆☆　次の文章の空欄に適する語句を答えよ。

鉄心に巻線を巻く場合，構造上から鉄心が巻線の外側にある（①　　　　　　　　）と，鉄心が巻線の内側にある（②　　　　　　　　）に分けられる。

―――――――解答―――――――

【2-8】(1) $\dfrac{V_1}{V_2} = \dfrac{5500}{110} = 50$

(2) $6000 \times \dfrac{1}{50} = 120\,[\text{V}]$

(3) $50 \times 100 = 5000\,[\text{V}]$

【2-9】(1) $a = \dfrac{V_1}{V_2} = \dfrac{5940}{110} = 54$

(2) $V_2 = \dfrac{V_1}{a} = \dfrac{6480}{54} = 120\,[\text{V}]$

(3) $V_1 = aV_2 = 54 \times 80 = 4320\,[\text{V}]$

【2-10】(1) $\dfrac{I_1}{I_2} = \dfrac{0.5}{2.5} = 0.2$

(2) $N_2 = \dfrac{I_1}{I_2}N_1 = \dfrac{0.5}{2.5} \times 500 = 100\,[\text{回}]$

【2-11】$I_2 = aI_1 = 12 \times 2 = 24\,[\text{A}]$

【2-12】$e_2 = -N_2\dfrac{\Delta \varPhi}{\Delta t} = -400 \times \dfrac{5 \times 10^{-3}}{1 \times 10^{-3}} = -2000\,[\text{V}]$

【2-13】①鉄心

②巻線

③絶縁油

④冷却媒体

【2-14】 ①鉄損
②ヒステリシス損
③うず電流損
④鉄損電流
⑤銅損

【2-15】 (1) 残留磁気
(2) 磁気飽和
(3) ヒステリシス曲線（ヒステリシスループ）
ヒステリシス損

【2-16】 ①うず電流
②うず電流損
③成層鉄心

【2-17】 ① Iron loss
② Eddy Current loss
③ Copper loss

【2-18】 ①外鉄形
②内鉄形

問 2-19 ★☆☆　変圧器の絶縁油に要求される性能を 5 つ答えよ。

問 2-20 ★☆☆❷　変圧器本体が発熱する原因を述べよ。

問 2-21 ★☆☆❷　変圧器が発熱するとどのような問題が生じるか，簡単に述べよ。

問 2-22 ★☆☆❷　次の文章の空欄に適する語句を答えよ。
　変圧器の冷却方法は油を用いる（①　　　　　　　）および，ガスや空気を用いる（②　　　　　　　），（③　　　　　　　）などが用いられる。①，③には，自然対流によって外気へ放熱する（④　　　　　　　）および，送風機を外に置き外気を循環させて放熱を増やす（⑤　　　　　　　）がある。また水を循環させて冷却する（⑥　　　　　　　），油を変圧器外部に設けた冷却管にポンプを用いて循環させる（⑦　　　　　　　），冷却管を送風機で冷却する（⑧　　　　　　　），冷却管を水で冷却する（⑨　　　　　　　）などがある。

問 2-23 ★☆☆　変圧器の点検項目を 5 つ以上答えよ。

問 2-24 ★☆☆　乾式変圧器が油入式変圧器より優れている点を述べよ。

2.3　変圧器の理論

問 2-25 ★☆☆　コイルに流れる電流を，0.2 ms の間に 0.6 A 変化させると，1.5 V の誘導起電力が生じた。自己インダクタンス L を求めよ。

問 2-26 ★☆☆　コイルの巻数 400 のコイルを貫く磁束が，3 ms の間に 12×10^{-5} Wb だけ増加する。このときコイルに発生する誘導起電力の大きさを求めよ。

問 2-27 ★☆☆　$N\Phi$ のことを何というか答えよ。

問 2-28 ★☆☆　鉄心の長さ 31 cm，断面積 5 cm^2，透磁率 6.2×10^{-3} H/m の磁気回路がある。磁気抵抗を求めよ。

問 2-29 ★☆☆　磁気抵抗 20 H^{-1}，巻き数 1000 の磁気回路に，電流を 4 mA 流した。磁束を求めよ。

問 2-30 ★★☆　コイルの鉄心の断面積が $A = 4 \times 10^{-4}$ m^2，長さが $l = 0.4$ m，巻数が $N = 1000$，透磁率が $\mu = 4.2 \times 10^{-3}$ H/m のとき，自己インダクタンス L [H] を求めよ。

問 2-31 ★☆☆　次の文章の空欄に適する語句を答えよ。
　変圧器に交流電圧を掛けると電流が流れるが，磁束をつくるために必要な電流を（①　　　　　　　）という。次に，二次コイルに負荷をつないだ場合に二次側に流れる電流を（②　　　　　　　）という。②を流すために，新たに一次側に発生する電流を（③　　　　　　　）という。

問 2-32 ★☆☆　一次電圧 V_1 が 100 V，巻数比 5，二次電圧 V_2 が 20 V，二次負荷電流 I_2 は 4 A，負荷抵抗 Z_L が 5 Ω のとき，一次負荷電流 I_1 [A] を求めよ。

問 2-33 ★☆☆　巻数が $N_1 = 3000$，$N_2 = 100$ の理想変圧器に，$V_1 = 6300$ V の電圧が加わっている。
(1) 二次誘導起電力 V_2 [V] を求めよ。
(2) ★★☆　この変圧器の二次端子に $Z_L = 5$ Ω の負荷をつないだときの二次電流 I_2 [A] および一次電流 I_1 [A] を求めよ。（一次側と二次側の電力が等しく，一次励磁電流，銅損，鉄損などは無視する。）

問 2-34 ★★☆　一次巻数 2700，二次巻数 90 の変圧器がある。二次電圧が 219 V であるとき，一次電圧を求めよ。また，二次側に 5 Ω の負荷を接続したときの二次電流，一次負荷電流を求めよ。（ここで，巻線の抵抗，鉄心による損失は無視する。）

―――――― 解答 ――――――

【2-19】 ①絶縁耐力が高い　②引火点が高い　③化学的に安定している　④凝固点が低い　⑤流動性が高く冷却に適している　など

【2-20】 ヒステリシス損およびうず電流損の鉄損，巻線抵抗に生じる銅損，絶縁劣化による漏れ電流の発生などによって発熱する。

【2-21】 絶縁が劣化したり，冷却油が変質したりする。磁気飽和値が低下するため，許容電流の減少や電流特性の悪化などが起こる。

【2-22】 ①油入式　②ガス入式　③乾式　④自冷式　⑤風冷式　⑥水冷式　⑦送油自冷式　⑧送油風冷式　⑨送油水冷式

【2-23】 ①端子，配線，変圧器本体が発熱していないか確認する。
②通常では発しないような音が，変圧器から出ていないか確認する。
③冷却器，送風機，送油機，冷却用ポンプがある場合，それらの機器の動作を確認し，異常な音が出ていないか確認する。
④異常な臭いがないか確認する。
⑤油入式の場合，油面計を確認し，油漏れがないか周囲を確認する。
⑥油の温度が上がっていないか確認する。　など

【2-24】 ①油を使用しないので，保守点検が容易である。
②小型のものをつくることができる。
③火災の危険性が低い。

【2-25】 $e = -L\dfrac{\Delta I}{\Delta t}\quad -1.5 = -L\dfrac{0.6}{0.2 \times 10^{-3}}$

$L = \dfrac{1.5 \times 0.2 \times 10^{-3}}{0.6} = 0.5 \times 10^{-3} = 0.5\,[\mathrm{mH}]$

【2-26】 $e = -\dfrac{\Delta(N\Phi)}{\Delta t} = \dfrac{400 \times 12 \times 10^{-5}}{3 \times 10^{-3}} = -16\,[\mathrm{V}]$

【2-27】 磁束鎖交数

【2-28】 $R_m = \dfrac{l}{\mu A} = \dfrac{31 \times 10^{-2}}{6.2 \times 10^{-3} \times 5 \times 10^{-4}} = \dfrac{31}{6.2 \times 5 \times 10^{-5}} = 1.0 \times 10^{5}\,[\mathrm{H}^{-1}]$

【2-29】 $\Phi = \dfrac{NI}{R_m} = \dfrac{1000 \times 4 \times 10^{-3}}{20} = 0.2\,[\text{Wb}]$

【2-30】 $L = \dfrac{\mu A N^2}{l} = \dfrac{4.2 \times 10^{-3} \times 4 \times 10^{-4} \times 1000^2}{0.4} = 4.2\,[\text{H}]$

【2-31】 ①励磁電流

②二次負荷電流

③一次負荷電流

【2-32】 $I_1 V_1 = I_2 V_2 \quad 100 I_1 = 20 \times 4 \quad I_1 = 0.8\,[\text{A}]$

【2-33】 (1) $V_2 = \dfrac{N_2}{N_1} V_1 = \dfrac{84}{2520} \times 6300 = 210\,[\text{V}]$

(2) $I_2 = \dfrac{V_2}{R} = \dfrac{210}{5} = 42\,[\text{A}]$

$I_1 V_1 = I_2 V_2 \quad I_1 \times 6300 = 42 \times 210 \quad I_1 = 1.4\,[\text{A}]$

【2-34】 $\dfrac{E_1}{E_2} = \dfrac{N_1}{N_2} = a$ より

一次電圧 $E_1 = E_2 \times \dfrac{N_1}{N_2} = 219 \times \dfrac{2700}{90} = 6570\,[\text{V}]$

二次電流 $I_2 = \dfrac{E_2}{R} = \dfrac{219}{5} = 43.8\,[\text{A}]$

一次負荷電流 $I_1' = I_2 \times \dfrac{N_2}{N_1} = 43.8 \times \dfrac{1}{30} = 1.46\,[\text{A}]$

問 2-35 ★☆☆　次の文章の空欄に適する語句を答えよ。

変圧器の一次電流によってつくられた磁束は鉄心の外に漏れてしまう。これを（①　　　　　　　　　）と呼ぶ。また鉄心の中を通る磁束を（②　　　　　　　　　）と呼ぶ。①は変圧には寄与せず電流よりも 90°位相が（③　　　　　　　　　）逆起電力を誘導するため，変圧器と直列に結合されたリアクタンス（コイル）と考えることができる。これを（④　　　　　　　　　）と呼ぶ。

問 2-36 ★★★　一次巻線の巻数が 5000，二次巻線の巻数が 100，二次側の負荷が 100Ω，漏れリアクタンスが 2Ω であるとき，以下の問いに答えよ。
(1) 巻き数比を求めよ。
(2) 負荷およびリアクタンスを一次側に換算せよ。

2.4　変圧器の結線

問 2-37 ★☆☆❷　次の文章の空欄に適する語句を答えよ。

変圧器の極性は，（①　　　　　）と（②　　　　　　　）に分類される。日本で広く使われている変圧器は（③　　　　　）である。

問 2-38 ★☆☆❷　次の文章の空欄に適する語句を答えよ。

変圧器の結線にはさまざまな方法があるが，高い電圧から低い電圧に変圧する場合によく用いられる結線は（①　　　　　　）結線であり，船舶でよく用いられている。低い電圧から高い電圧に変圧する場合によく用いられる結線は（②　　　　　）結線である。また，低電圧大電流の場合によく用いられる結線は（③　　　　　）結線である。

問 2-39 ★☆☆❷　Y-Y 結線された変圧器の利点および欠点をそれぞれ 1 つ答えよ。

問 2-40 ★☆☆❷　Δ-Δ 結線された変圧器の利点を 2 つおよび欠点を 1 つ答えよ。

2.5 計器用変成器

問 2-41 ★☆☆❷　計器用変圧器について答えよ。

(1) アルファベット2文字および英語で表せ。
(2) 使用目的を書け。
(3) 一次側の巻数と二次側の巻数ではどちらが多いか。
(4) 一次側の巻数を N_1，二次側を N_2 としたとき，変圧比を書け。
(5) 計器用変圧器を利用する利点を書け。

問 2-42 ★☆☆❷　計器用変流器について答えよ。

(1) アルファベット2文字および英語で表せ。
(2) 使用目的を書け。
(3) 一次側の巻数と二次側の巻数ではどちらが多いか。
(4) 一次側の巻数を N_1，二次側を N_2 としたとき，変流比を書け。
(5) 計器用変圧器および計器用変流器の二次側を接地して使用する利点を書け。

2.6 単巻変圧器

問 2-43 ★☆☆　単巻変圧器について説明せよ。

～～～～～～～～～～～ 解答 ～～～～～～～～～～～

【2-35】 ①漏れ磁束

②主磁束

③進んだ

④漏れリアクタンス

【2-36】 (1) $a = \dfrac{N_1}{N_2} = \dfrac{5000}{100} = 50$

(2) 負荷 $R' = a^2 R = 50^2 \times 100 = 250000 = 250 \,[\text{k}\Omega]$

リアクタンス $x'_2 = a^2 x = 50^2 \times 2 = 5000 \,[\Omega]$

【2-37】 ①加極性

②減極性

③減極性

【2-38】 ① Y–Δ

② Δ–Y

③ Δ–Δ

【2-39】 利点：一次側，二次側ともに中性点を接地することができ，変圧器を保護することができる。

欠点：出力される電圧の波形がひずみやすい。（Y–Y 結線はあまり用いられない）

【2-40】 利点：出力される電圧波形のひずみを少なくできる。1 台故障しても V 結線として使用できる。

欠点：中性点が得られないため，変圧器の保護ができない。

CHAPTER 2 変圧器

【2-41】 (1) PT（Potential Transformer）
(2) 高電圧の交流を低電圧に変圧して測定するもの。
(3) 一次側
(4) $\dfrac{N_1}{N_2}$
(5) ①変圧器の鉄心を介して回路的に絶縁された二次回路で測定するため，安全に測定ができる。
②二次回路を長くとることにより高電圧回路から離れた場所で測定することができ，高電圧機器を特定の場所から集中管理することができる。

【2-42】 (1) CT（Current Transformer）
(2) 大電流の交流を小電流に変成して測定するもの。
(3) 二次側
(4) $\dfrac{N_2}{N_1}$
(5) ①一次側との絶縁が良好であれば，正確に測定ができる。
②絶縁が不良であっても，観測者や測定器を保護することができる。

【2-43】 ひとつの連続した巻線を鉄心に巻き，巻線の一部分を一次側，二次側の共通の巻線として使うもの。

電気絶縁材料の耐熱クラス

　変圧器などの電気機器の絶縁材料は温度が上昇すると劣化し，場合によっては発火してしまう。したがって機器の環境に応じた絶縁材料を使用する必要がある。日本工業規格（JIS）により絶縁材料は耐熱温度ごとに分類されており，これを耐熱クラスという。JIS C4003 2010に定められた規定は以下であり，熱クラスごとに文字が指定されている。

耐熱クラス℃	指定文字	実績熱的耐久性指数または相対熱的耐久性指数℃	
90	Y	≧ 90	<105
105	A	≧105	<120
120	E	≧120	<130
130	B	≧130	<155
155	F	≧155	<180
180	H	≧180	<200
200	N	≧200	<220
220	R	≧220	<250
250	－	≧250	<275

250℃を超える耐熱クラスは，25℃ずつの区切りで増加し，それに応じて指定されている。

CHAPTER 3

同期発電機

3.1 同期発電機の原理

問 3-1 ★☆☆　船舶で用いられる発電機の電圧と周波数を答えよ。
　　　　電圧：　　　　　　[V]
　　　　周波数：　　　　　[Hz]

問 3-2 ★★☆❸　同期発電機の同期速度とは何か説明せよ。また、どのような式で表されるか示せ。

問 3-3 ★★☆　24 極の同期発電機を，60 Hz で出力させるときの同期速度を，[min^{-1}] の単位で求めよ。

問 3-4 ★★☆　同期速度 600 rpm，極数 12 の同期発電機の誘導起電力の周波数は何 Hz か求めよ。なお，単位 [rpm] は毎分回転数を表し，[min^{-1}] と同じである。

3.2 同期発電機の構造

問 3-5 ★★☆　次の単語を英訳せよ。
① 界磁　② 電機子　③ 回転子　④ 固定子　⑤ 自動電圧調整器

問 3-6 ★★☆　次の単語を和訳せよ。
① Revolving-field Type
② Revolving-armature type

同期発電機

同期盤

CHAPTER 3 同期発電機

～～～～～～～～～～ 解答 ～～～～～～～～～～

【3-1】 電圧：450 [V]

周波数：60 [Hz]

【3-2】 同期速度とは，発電機の極数と起電力の周波数から決まる同期発電機の回転子（界磁）の回転速度のことである。その算出式は

$$n_s = \frac{120 \times f}{p}$$

で表される。ここで，n_s：同期速度 [min^{-1}]，f：起電力の周波数 [Hz]，p：極数である。

【3-3】 $n_s = \dfrac{120 \times f}{p} = \dfrac{120 \times 60}{24} = 300\,[\text{min}^{-1}]$

【3-4】 $n_s = \dfrac{120 \times f}{p}$ より

$f = \dfrac{n_s \times p}{120} = \dfrac{600 \times 12}{120} = 60\,[\text{Hz}]$

【3-5】 ① Field

② Armature

③ Rotor

④ Stator

⑤ Automatic Voltage Regulator

【3-6】 ①回転界磁形

②回転電機子形

問 3-7 ★☆☆　同期発電機の発電原理について，文中の空欄ⓐ〜ⓒにあてはまる語句を答えよ。また，文中の空欄①〜④に当てはまる語句を語群から選び，記号を答えよ。

　同期発電機は，（ⓐ　　　　　　　　）の法則によって，回転運動から交流の誘導起電力を生む。その交流起電力の（①　　）は，回転速度に比例する。また，その交流起電力の（②　　）は，磁界の強さと回転速度に比例する。

　同期発電機を構成する部分のうち，磁界を形成する磁石の部分を（ⓑ　　　　　　　　），起電力を発生するコイルの部分を（ⓒ　　　　　　　　）と呼ぶ。回転子のⓑは，外部の励磁装置から（③　　）と（④　　）を介して直流電流を流され，電磁石となり磁界を形成する。

　③は擦れて削れるため，定期的に交換される。

〔語群〕ア：大きさ(実効値)　イ：周波数　ウ：ブラシ　エ：スリップリング

問 3-8 ★★☆❸　スペースヒータの役目を答えよ。

問 3-9 ★☆☆❸　下図は，同期発電機の構造を示したものである。以下の文の空欄に当てはまる語句を答えよ。

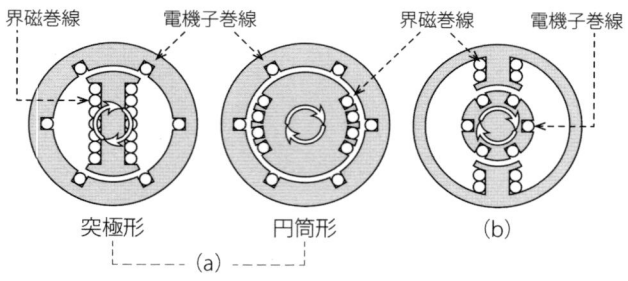

　同期発電機は構造上，2つに大別され，それは，(a)の（①　　　　　　　　）形発電機と(b)の（②　　　　　　　　）形発電機である。また，(a)の発電機はさらに，突極形と円筒形に分類される。船舶では一般的に①形発電機が用いられている。

問 3-10 ★★☆❸　ブラシレス発電機の利点を4つ答えよ。

問 3-11 ★★☆❸　三相同期発電機の電機子巻線にY結線が用いられる理由を答えよ。

問 3-12 ★★☆❸　三相同期発電機の励磁装置の励磁方式を3つ挙げ，それぞれどのような方式か説明せよ。

3.3　同期発電機の理論

問 3-13 ★☆☆❸　同期発電機について，文中の空欄ⓐ～ⓒにあてはまる語句を答えよ。また，文中の空欄①～④に当てはまる語句を語群から選び，記号を答えよ。

　同期発電機の電機子に交流の電流が流れると，電機子巻線から起磁力が生じ，界磁からの磁界に影響を与える。この作用を（ⓐ　　　　　　）という。ⓐは，交さ磁化作用，（ⓑ　　　　　　），（ⓒ　　　　　　）の3つに分類される。

　同期発電機を流れる電流の位相が起電力よりも（①　　）の場合，電機子巻線から生じる起磁力の向きは界磁の起磁力と常に（②　　）であり，磁界を弱める働きをする。これをⓑという。同期発電機を流れる電流の位相が起電力よりも（③　　）の場合，電機子巻線から生じる起磁力の向きは界磁極の起磁力と常に（④　　）であり，磁界を強める働きをする。これをⓒという。

〔語群〕ア：進み位相　イ：遅れ位相　ウ：同方向　エ：逆方向

問 3-14 ★★☆　次の単語を英訳せよ。
① 電機子反作用　　　④ 同期リアクタンス
② 漏れ磁束　　　　　⑤ 同期インピーダンス
③ 漏れリアクタンス

～～～～～～～～～～～～～～～解答～～～～～～～～～～～～～～～

【3-7】 ⓐフレミング右手
　　　 ⓑ界磁
　　　 ⓒ電機子
　　　 ①イ
　　　 ②ア
　　　 ③ウ
　　　 ④エ

【3-8】 発電機停止中に内部の湿気で結露すると巻線に施した絶縁の電気抵抗が低下してしまうため，発電機内の内部温度を高めることで結露を防止している。

【3-9】 ①回転界磁
　　　 ②回転電機子

【3-10】①接触部がないため,火花が発生しない。
②接触による銅粉,炭素粉が発生せず,保守が容易。
③振動に強い。
④全閉構造にできる。

【3-11】①中性点の接地が可能になるため。
②高調波成分による波形ひずみを防止するため。
③誘導起電力となる相電圧が,出力電圧となる線間電圧の $1/\sqrt{3}$ 倍になり,巻線の絶縁がしやすくなるため。また,界磁電流を抑制できるため。

【3-12】①ブラシレス励磁方式(交流励磁方式)
励磁装置の電源に,励磁用同期発電機を用いる方式。同期発電機と同一の回転軸上に,回転電機子形同期発電機と整流器を直結し,ブラシとスリップリングを介さず,界磁巻線へ電流を供給する。

②直流励磁方式
励磁装置の電源に,直流発電機を用いる方式。界磁巻線へは,ブラシとスリップリングを介して電流を供給する。

③静止形励磁方式(整流器励磁方式)
同期発電機で発生した起電力の一部を変圧した後に半導体電力変換器で整流し,界磁巻線にブラシとスリップリングを介して電流を供給する方式。

【3-13】①イ ②エ ③ア ④ウ
ⓐ電機子反作用 ⓑ減磁作用 ⓒ磁化作用

【3-14】① Armature Reaction   ④ Synchronous Reactance
② Leakage Flux   ⑤ Synchronous Impedance
③ Leakage Reactance

問 3-15 ★★☆　次の単語を和訳せよ。

① Cross Magnetizing Effect
② Demagnetizing Effect
③ Magnetizing Effect
④ Armature Reaction Reactance

問 3-16 ★★☆❷　漏れリアクタンスとはどのようなものか説明せよ。

問 3-17 ★☆☆　同期発電機について，文中の空欄①～⑥に当てはまる語句を語群ア～カから選び，記号を答えよ。また，文中の空欄ⓐ～ⓓにあてはまる語句を答えよ。

　同期発電機は一般的に，回転しない（①　　）と回転する（②　　）によって構成され，回転運動から交流の起電力を生む。その交流の起電力の周波数は，（③　　）に比例する。また，その交流の起電力の大きさは，③と（④　　）に比例する。

　同期機に交流の電流が流れると，①から磁界が生じ，②からの磁界に混ざる。同期発電機を流れる電流の位相が起電力と同相の場合，①から生じる磁界は②と直交し，磁界の方向をゆがめる。これを（ⓐ　　　　　　　）作用という。同期発電機を流れる電流の位相が起電力よりも（⑤　　）いる場合，①から生じる磁界は②からの磁界を弱める働きをする。これを（ⓑ　　　　　　　）作用という。同期発電機を流れる電流の位相が起電力よりも（⑥　　）いる場合，①から生じる磁界は②からの磁界を強める働きをする。これを（ⓒ　　　　　　　）作用という。これら3つの作用を合わせて，（ⓓ　　　　　　　）という。

〔語群〕ア：進んで　　イ：遅れて　　ウ：電機子巻線
　　　　エ：回転速度　オ：界磁極　　カ：磁界の強さ

問 3-18 ★★☆❷　同期発電機の運転中，突発短絡が生じた場合の発電機への影響を説明せよ。

問 3-19 ★★☆❸ 三相同期発電機の電機子反作用について，以下の表の空欄を埋めよ。

図	負荷	力率	作用	影響
(a)	抵抗のみ	①	交さ磁化作用	②
(b)	③ (　　　) のみ	0 (進み電流)	④	⑤
(c)	⑥ (　　　) のみ	⑦ (　　電流)	⑧	主磁束を弱め，電圧低下

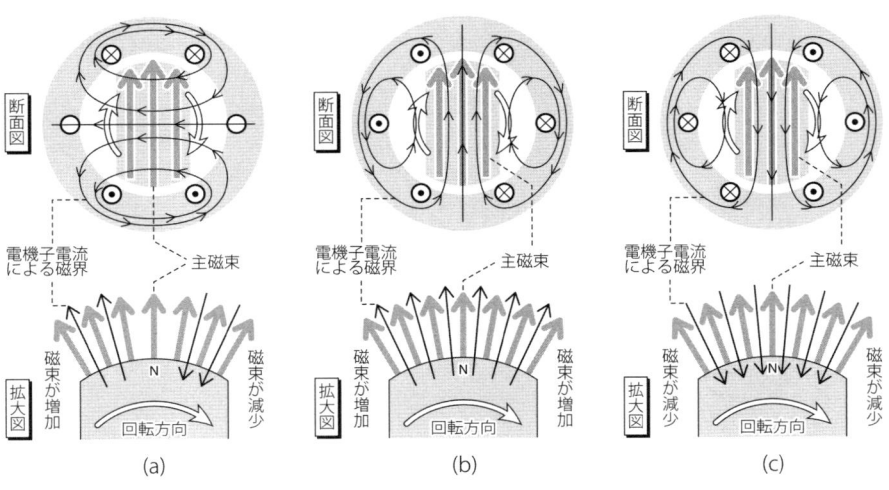

(a)　　　　　　　(b)　　　　　　　(c)

～～～～～～～～～～～～ 解答 ～～～～～～～～～～～～

【3-15】①交さ磁化作用

②減磁作用

③磁化作用

④電機子反作用リアクタンス

【3-16】界磁による主磁束は，界磁巻線に通電して磁束を発生させるが，このときすべてが界磁鉄心における磁束になるのではなく，界磁磁束に影響を与えずに磁路を通らない漏れ磁束が存在する。この漏れ磁束によって生じる逆起電力を，リアクタンス $x_l\,[\Omega]$ による電圧降下に置き換えたものを，漏れリアクタンスという。

【3-17】①ウ

②オ

③エ

④カ

⑤イ

⑥ア

ⓐ交さ磁化

ⓑ減磁

ⓒ磁化

ⓓ電機子反作用

【3-18】短絡により，電機子巻線には定格電流の数十倍の大電流が通電されることになる。このとき，母線電圧も低下し，発電機の運転が不安定になる。さらに，電機子巻線の抵抗によってジュール熱が発生し，発電機が発熱する。

【3-19】

図	負荷	力率	作用	影響
(a)	抵抗のみ	① 1	交さ磁化作用	②磁束が非対称となり，出力電圧波形がゆがむ
(b)	③容量（コンデンサ）のみ	0（進み電流）	④磁化作用	⑤主磁束を強め，電圧上昇
(c)	⑥インダクタンス（コイル）のみ	⑦0（遅れ電流）	⑧減磁作用	主磁束を弱め，電圧低下

問 3-20 ★★☆❷　下図は，同期発電機の等価回路である。この発電機が定格速度で，かつ，一定の励磁電流で運転されているとする。次の文の空欄に適合する語句を答えよ。

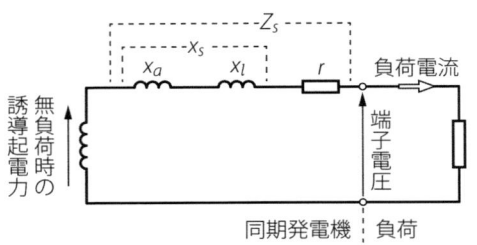

(1) 発電機に負荷電流が流れると，電機子起磁力によって（①　　　　　　　　）と呼ばれる $x_a[\Omega]$ と（②　　　　　　　　）と呼ばれる $x_l[\Omega]$ を生じ，この2つをひとまとめにしたものが $x_s[\Omega]$ で，（③　　　　　　　　）という。ここで，①の占める割合は小さい。

(2) 発電機内では，x_a と（④　　　　　　　　）と呼ばれる $r[\Omega]$ をあわせた $Z_s[\Omega]$ を（⑤　　　　　　　　）と呼ぶ。⑤による電圧降下は，負荷が遅れ力率であるならば，力率が（⑥　　　）いほど，また，負荷電流が（⑦　　　）いほど端子電圧は低下する。

問 3-21 ★★☆❷　右図は，同期発電機の負荷電流 $\dot{I}$ の位相が端子電圧 $\dot{V}$ より φ だけ遅れている場合の一相についてのベクトル線図である。$\dot{E}_0$ を無負荷時の誘導起電力とした場合，図中の①〜⑤は，それぞれ何を表しているか答えよ。

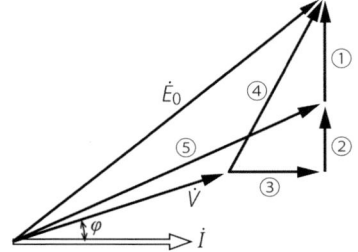

3.4 同期発電機の並行運転（並列運転）

問 3-22 ★★☆ 次の単語を英訳せよ。
① 同期化力
② 乱調
③ 並列運転

問 3-23 ★★☆ 次の単語を和訳せよ。
① Effective Cross Current
② Reactive Cross Current

問 3-24 ★☆☆ 同期発電機について，文中の空欄①～④に当てはまる語句を語群ア～エから選び，記号を答えよ。また，文中の空欄ⓐ，ⓑにあてはまる語句を答えよ。

同期発電機の並行運転中，各発電機の起電力の大きさに差が生じたときに流れる（ⓐ　　　　　）は，電機子反作用によって，起電力の大きい発電機の起電力を（①　　）させ，起電力の小さい発電機の起電力を（②　　）させる働きをする。同期発電機の並行運転中，各発電機の周波数や位相に差が生じたときに流れる（ⓑ　　　　　）は，位相の（③　　）いる発電機の回転速度を上げて位相を進ませ，位相の（④　　）いる発電機の回転速度を下げて位相を遅らせる働きをする。

〔語群〕ア：進んで　イ：遅れて　ウ：増加　エ：減少

―― 解答 ――

【3-20】①電機子反作用リアクタンス
　　　　②漏れリアクタンス
　　　　③同期リアクタンス
　　　　④電機子巻線抵抗
　　　　⑤同期インピーダンス
　　　　⑥低
　　　　⑦大き

【3-21】①電機子反作用リアクタンスによる電圧降下
　　　　②漏れリアクタンスによる電圧降下
　　　　③電機子巻線抵抗による電圧降下
　　　　④同期インピーダンスによる電圧降下
　　　　⑤内部起電力

CHAPTER 3 同期発電機

【3-22】 ① Synchronizing Power
　　　　② Hunting
　　　　③ Parallel Operation

【3-23】 ①有効横流
　　　　②無効横流

【3-24】 ①エ
　　　　②ウ
　　　　③イ
　　　　④ア
　　　　ⓐ無効横流
　　　　ⓑ有効横流

> **教科書補足事項** ガバナとはディーゼルエンジンの調速機のこと。ディーゼルエンジンは，負荷変動によって回転数が変化し，そのとき，燃料の噴射量も変化する。そのため，回転数が上昇すると，燃料噴射量も増加し，ますますエンジンの回転数が上昇してしまう。これを防止するために，エンジンの回転数が変化したときに，ガバナによって燃料噴射量を自動的に調整する。

問 3-25 ★★☆❸ 同期発電機の並行運転について以下の問いに答えよ。

(1) 2台以上の同期発電機を母線に並列接続させるための発電機の条件を4つ挙げよ。
(2) 発電機の並行運転時に使用される同期検定灯の役割を説明せよ。
(3) 起電力を自動で調整する装置を何というか答えよ。
(4) 周波数を規定周波数に調整するために操作するレバーの名称を答えよ。
(5) 同期が確認されたときに，投入するスイッチの名称を答えよ。
(6) 並行運転を解除するとき，母線から発電機を切り離す際の注意事項を答えよ。

問 3-26 ★★☆　発電機を手動で並行運転する場合の手順について，以下の説明文を正しい順に並べ替えよ。ただし，1 号発電機が運転状態で，2 号発電機を同期投入するものとする。

① 2 号発電機が定格電圧になっていることを確認する。電圧が異なっていれば，界磁抵抗器（電圧調整器）を用いて，定格電圧に調整する。
② 2 号発電機のガバナを用いて原動機の回転数を制御し，規定周波数に調整する。
③ 同期検定器を接続し，2 号発電機のガバナを調整して，2 号発電機の周波数が 1 号発電機よりわずかに高くなるように設定する。
④ 1 号発電機の負荷を 2 号発電機に移し，同じ負荷になるよう両発電機のガバナを同時に調整する。
⑤ 2 号発電機の原動機を始動し，規定回転数で運転する。
⑥ 同期検定器で，位相の一致を確認し，ACB（気中遮断器）を投入する。

　　　　（　　　→　　　→　　　→　　　→　　　→　　　）

問 3-27 ★★☆　同期発電機を並行運転から単独運転する方法について，以下の問いに答えよ。
(1) 負荷を移動させるために操作する機器名を答えよ。
(2) (1)によって，実際には何が調整されるか答えよ。

問 3-28 ★★☆❷　並行運転中の各発電機に位相差が生じたときに流れる横流は，どのような働きをするか，説明せよ。

問 3-29 ★★☆❸　2 台の同期発電機を並行運転中に各発電機の起電力の周波数が異なる場合，以下の問いに答えよ。
(1) どのような現象が生じるか説明せよ。
(2) この現象は，何と呼ばれるか答えよ。

~~~~~~~~~~~~~~~~解答~~~~~~~~~~~~~~~~

【3-25】(1) ①起電力の大きさが等しいこと。
②起電力の周波数が等しいこと。
③起電力の位相が等しいこと。
④起電力の波形が等しいこと。

(2) 母線に接続されている発電機と並行運転しようとしている発電機の位相を一致させるために用いる。位相が一致する瞬間が，検定灯の明るさでわかるようになっている。

(3) AVR（自動電圧調整器）

(4) ガバナ制御レバー

(5) ACB（気中遮断器）制御スイッチ

(6) 母線から切り離す発電機にかかっている負荷を，単独運転する発電機に負荷移行する。

【3-26】⑤→②→①→③→⑥→④

【3-27】(1) ガバナ

(2) 発電機原動機の回転数

【3-28】位相の進んでいる発電機では，横流によって負荷が増加するので回転速度が低下して起電力の位相が遅れ，位相が遅れている発電機では負荷が減少するので回転速度が上昇し，起電力の位相が進む。そのため，両発電機間の位相差が小さくなるように作用する。

【3-29】(1) 発電機原動機の回転速度の増速，減速を周期的に繰り返す。

(2) 乱調

問 3-30 ★★☆❷　2台の同期発電機の並行運転中に流れる横流に関して次の問いに答えよ。
(1) 無効横流（無効循環電流）は，どのような場合に流れるか，その原因を答えよ。
(2) 無効横流が発生するとどの計器で知ることができるか答えよ。
(3) 有効横流（同期化電流）は，どのような場合に流れるか。

問 3-31 ★★☆❷　下図は，同期発電機の同期検定灯の結線図を示している。以下の問いに答えよ。
(1) 両発電機が同期した場合，L_1，L_2 および L_3 の各ランプの光度は，それぞれどのようになるか答えよ。
(2) 上記(1)の場合の相電圧ベクトルはどのようになるか，図を描いて説明せよ。
(3) ランプが最大光度のときのランプにかかる電圧は，線間電圧の何倍になるか，計算して求めよ。

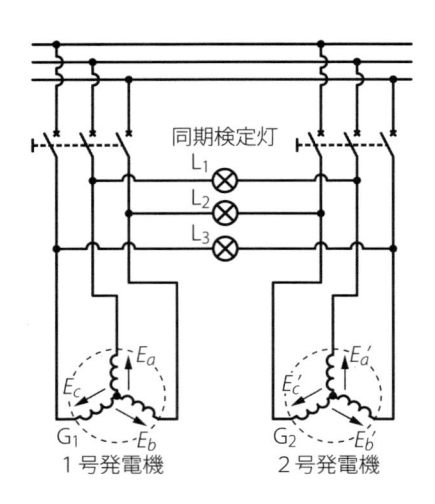

3.5 同期発電機の保守

問 3-32 ★★☆❷　軸電流に関する以下の問いに答えよ。
(1) 軸電流とはどのようなものか説明せよ。
(2) 軸電流が発生した場合，どのような不具合があるか説明せよ。
(3) 軸電流を防止するための方法を答えよ。
(4) 軸受部の保守点検項目を答えよ。

>|チャレンジ問題|

　定格電圧 6600 V，容量 5500 kVA の三相同期発電機において，無負荷試験を行ったところ，定格電圧を得るために 140 A の界磁電流が流れた。さらに，短絡試験を行うと，定格電流と等しい短絡電流が流れたときの界磁電流は 110 A であった。以下の問いに答えよ。
(1) 定格電流 I_n を求めよ。
(2) 短絡比 K_s を求めよ。
(3) 定格電圧を発生しているときの短絡電流 I_s を求めよ。
(4) 同期インピーダンス Z_s を求めよ。
(5) 百分率同期インピーダンス Z_0 を求めよ。

※ p.46 の教科書補足事項がヒントです。

～～～～～～～～～～～～～ 解答 ～～～～～～～～～～～～～

【3-30】(1) 並行運転中，励磁の変化などの理由で，2 台の発電機で起電力の大きさが異なった場合。

(2) 発電機電流計

(3) 並行運転中に，一方の発電機原動機の回転数が変化するなどの理由で，2 台の発電機で起電力の位相が異なった場合。

【3-31】(1) L_1 は消灯し，L_2 と L_3 は同じ光度で点灯する。

(2) 下図のように，L_1 の電位差が 0，L_2 と L_3 の電位差は同じになる。

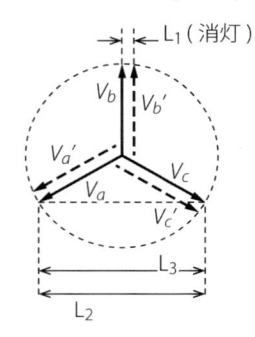

(3) 下図のように，最大光度の場合，ランプにかかる電圧は，相電圧の 2 倍になる。電機子巻線は Y 結線されているので，相電圧は線間電圧の $1/\sqrt{3}$ 倍となる。したがって

$$2 \times \frac{1}{\sqrt{3}} = \frac{2}{\sqrt{3}} = 1.1547 \text{（倍）}$$

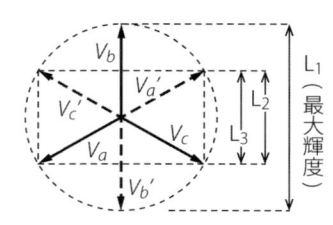

【3-32】(1) 界磁の漏れ磁束が回転軸に作用して起電力が発生し，軸と軸受の間に電位差が生じると，放電が発生して油膜による絶縁が破壊され，回転軸から発電機台板へと流れてしまう電流のことをいう。

(2) 軸受がジュール熱によって焼損する恐れがある。
軸受に異常があると，発電機の起電力が低下する。

(3) 軸受と取り付け台の間に絶縁ボルト，絶縁板などの絶縁物を挿入する。

(4) ①軸受温度を定期的に計測し，温度上昇に注意する。
②軸受の潤滑油量，潤滑油の汚れを定期的に点検する。
③軸受に異常がないか，音の異常に気をつける。
④軸電圧をモニタリングする。

【チャレンジ】

(1) 容量（皮相電力）は，$P_a = V_n \times I_n$ より，定格電流は

$$I_n = \frac{P_a}{V_n} = \frac{5500 \times 10^3}{\sqrt{3} \times 6600} = 481.13 \text{ [A]}$$

(2) $K_s = \dfrac{I_{fs}}{I_{fn}} = \dfrac{140}{110} = 1.27$

(3) 短絡比は，$K_s = \dfrac{I_{fs}}{I_{fn}} = \dfrac{I_s}{I_n}$ より

$I_s = I_n \times K_s = 481.13 \times 1.27 = 611.04 \text{ [A]}$

(4) $Z_s = \dfrac{V_n/\sqrt{3}}{I_s} = \dfrac{6600/\sqrt{3}}{611.04} = 6.24 \text{ [Ω]}$

(5) $Z_0 = \dfrac{1}{K_s} \times 100 = \dfrac{1}{1.27} \times 100 = 78.74 \text{ [\%]}$

または

$Z_0 = \dfrac{I_n \times Z_s}{V_n/\sqrt{3}} \times 100 = \dfrac{481.13 \times 6.24}{6600/\sqrt{3}} \times 100 = 78.79 \text{ [\%]}$

|教科書補足事項|

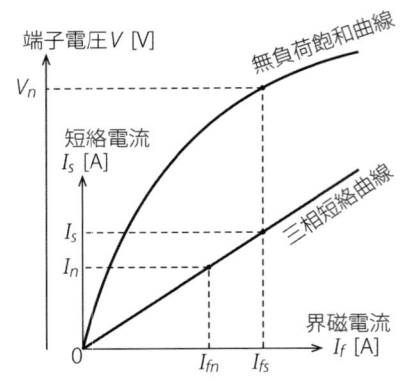

同期発電機の特性曲線

定格電圧は，線間電圧。電機子巻線は Y 結線なので，1 相分の相電圧を用いる。

同期インピーダンス：$Z_s = \dfrac{V_n/\sqrt{3}}{I_s}$ [Ω]

V_n：定格電圧 [V]

I_s：短絡電流 [A]

短絡電流…無負荷で定格電圧が出力されるように界磁電流を調整した後，電機子端子を三相短絡する。このとき，電機子に流れる電流を短絡電流という。

短絡比：$K_s = \dfrac{I_{fs}}{I_{fn}} = \dfrac{I_s}{I_n}$

I_{fs}：無負荷状態で，定格電圧を発生させるのに必要な界磁電流 [A]

I_{fn}：定格電流と等しい三相短絡電流を流すのに必要な界磁電流 [A]

I_n：定格電流 [A]

百分率同期インピーダンス：$Z_0 = \dfrac{1}{K_s} \times 100$ [％]

CHAPTER 4

誘導電動機

4.1 三相誘導電動機の種類と構造

問 4-1 ★☆☆　誘導電動機について，次の文章の空欄㋐～㋔に適当な語を，①～④に適する英語を答えよ。

　下図に，誘導電動機の主要部分（図(a)）と概略図（図(b)）を示した。三相誘導電動機は，たえず回転する磁界，（㋐　　　　　　　　）を作るために三相巻線を施した（㋑　　　　　　　）（①　　　　　　　）と，㋐によって回転力を発生する（㋒　　　　　　　）（②　　　　　　　）からできており，㋒の構造によって（㋓　　　　　　　）（③　　　　　　　）と（㋔　　　　　　　）（④　　　　　　　）に大別される。

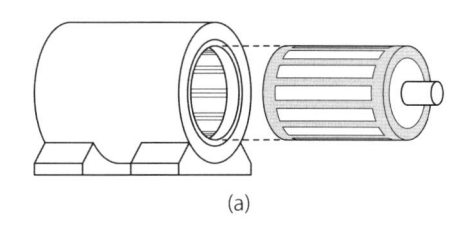

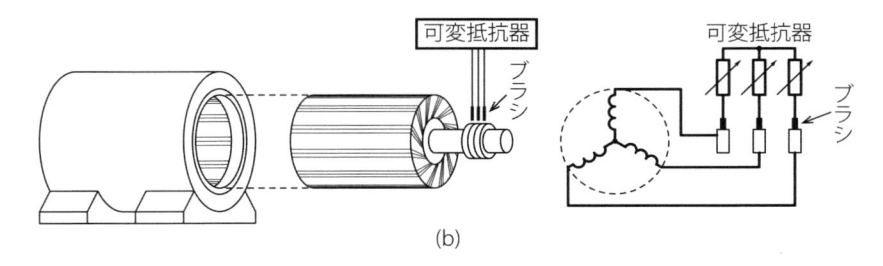

(a)

(b)

船内において利用されている誘導電動機の例（海水循環ポンプ）

船内において利用されている誘導電動機の例（左:スラッジポンプ, 右:ビルジポンプ）

~~~~~~~~~~~~~~~~~~~~~~~~~~~~~~ 解答 ~~~~~~~~~~~~~~~~~~~~~~~~~~~~~~

【4-1】 ㋐回転磁界

㋑固定子

㋒回転子

㋓かご形誘導電動機

㋔巻線形誘導電動機

① Stator

② Rotor

③ Squirrel Induction Motor

④ Wound Rotor Induction Motor

問 4-2 ★☆☆　誘導電動機について，次の文章の空欄㋐～㋒に適当な語を，①，②に適する英語を答えよ。

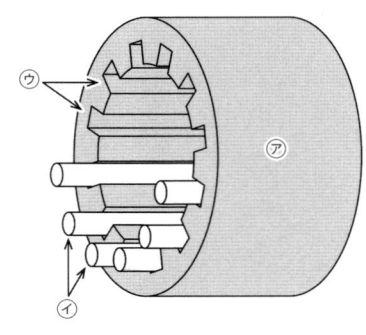

右図に示すように，固定子は，(㋐　　　　　)(①　　　　　　)，(㋑　　　　　)(②　　　　　　)，固定子枠からできている。㋐は㋑を収めることで磁気回路を作る鉄心で，㋑を収める(㋒　　　　　　)がある。

問 4-3 ★☆☆❶　誘導電動機について，次の文章の空欄㋐～㋒に適当な語を，①～③に適する英語を答えよ。

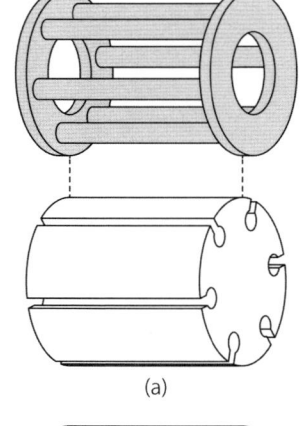

回転子は，(㋐　　　　　)，(㋑　　　　　)，軸からできており，巻線形誘導電動機の場合には(㋒　　　　　)(①　　　　　　)がある。図(a)に(㋓　　　　　)の例を示す。㋓は，絶縁しない棒状の導体を差し込み，その両端を太い銅環で短絡する。この銅環を(㋔　　　　　)(②　　　　　　)という。㋓は固定子の場合と同様のスロットがある。固定子スロット数と回転子スロット数が適当でないと，それぞれのスロット位置によってギャップ起磁力の分布が高調波を含み，基本波によるトルクと，高調波によるトルクとが合成され，トルクの谷間が生じる。そのトルクの谷が必要なトルクより小さいと，始動しない，ある速度以上に上昇しないという問題が生じる。この現象を(㋕　　　　　)(③　　　　　　)という。対策として，図(b)に示すように，回転子スロットを，固定子スロットの(㋖　　　　　)分ずらして斜めに配置する(㋗　　　　　)とする。

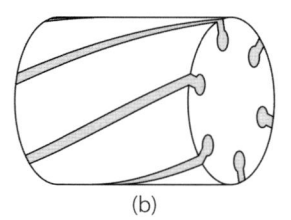

問 4-4 ★★☆❶　かご形誘導電動機に斜めスロットの回転子が多く用いられる理由を答えよ。

問 4-5 ★★☆❶　三相誘導電動機の始動時に発生するクローリングとは，どのような現象か説明せよ。

4.2　三相誘導電動機の原理

問 4-6 ★★☆　図を用いて，誘導電動機の回転磁界の原理について説明せよ。

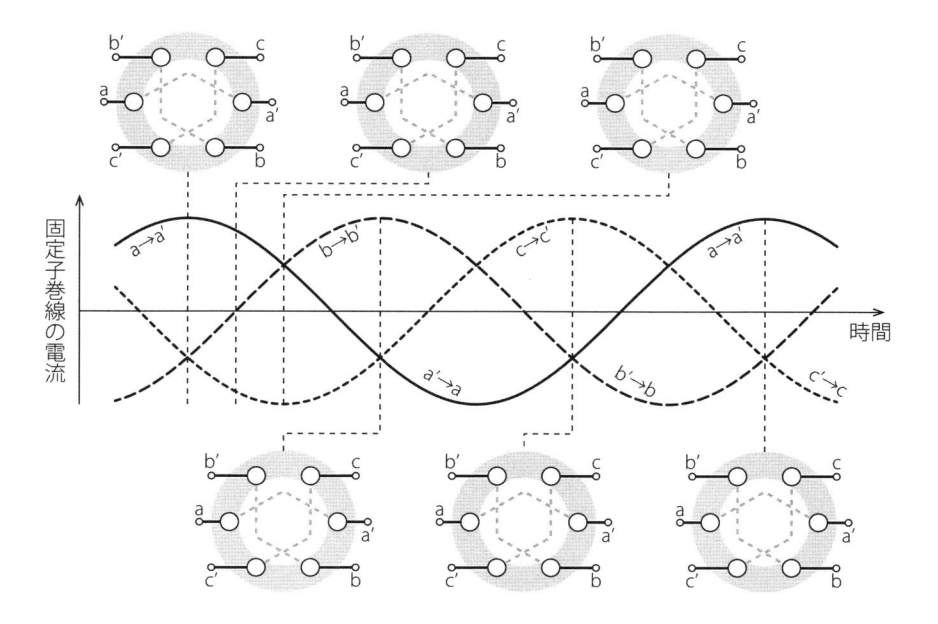

～～～～～～～～～～～～～～～～～解答～～～～～～～～～～～～～～～～～

【4-2】 ㋐固定子鉄心
　　　 ㋑固定子巻線
　　　 ㋒スロット
　　　 ① Stator Core
　　　 ② Stator Winding

【4-3】 ㋐回転子鉄心
　　　 ㋑回転子導体
　　　 ㋒スリップリング
　　　 ㋓かご形回転子
　　　 ㋔端絡環(たんらくかん)
　　　 ㋕クローリング
　　　 ㋖1間隔
　　　 ㋗斜めスロット
　　　 ① Slip Ring
　　　 ② End Ring
　　　 ③ Crawling

52

【4-4】斜めスロットの回転子を用いると，始動時にトルクが不安定になる現象を抑制でき，始動特性が良くなり，騒音が減少するため。

【4-5】回転子スロットと固定子のスロットの位置によっては，起磁力高調波によりトルクが不安定になることがあり，回転するのに必要なトルクより小さいと，始動しない，ある速度以上に上昇しないということが起こる現象。

【4-6】3つのコイル，aa′，bb′，cc′に三相交流を通電すると，各時刻において生じる合成磁界の向きは図のようになる。各時刻での合成磁界を比較すると，その合成磁界の向きが回転している様子がわかる。

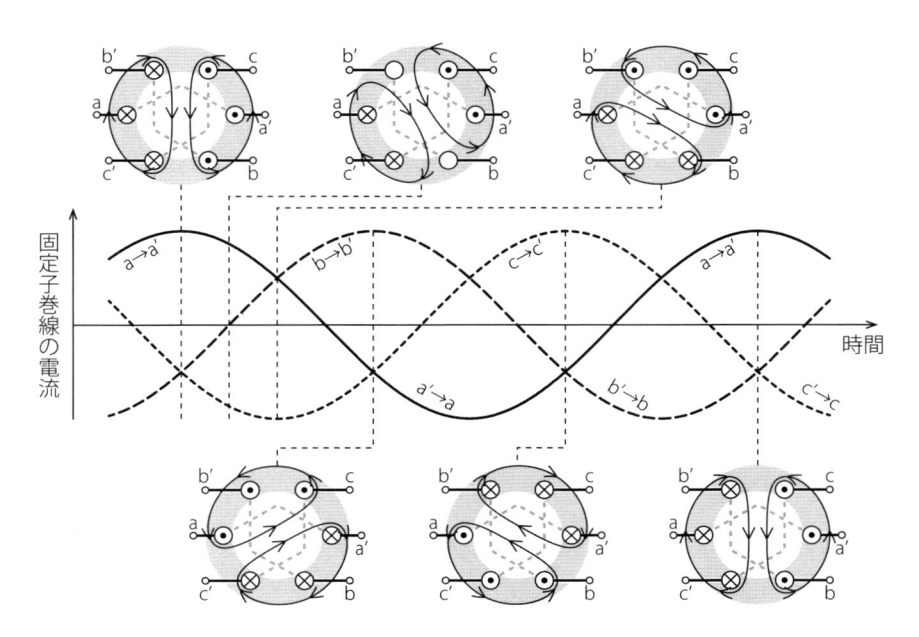

問 4-7 ★☆☆　次の文 A ～ E は，いずれも誘導電動機の原理を説明する文の一部であるが，順序が正しくない。記号 A ～ E を正しい順序に並べ替えよ。

　A：固定子巻線に交流が流れる
　B：回転子巻線に電流が流れる
　C：回転子巻線に誘導起電力が生じる
　D：回転子を回転させようとする電磁力が生じる
　E：固定子で囲まれた空間に回転磁界が生じる

$$(\quad \rightarrow \quad \rightarrow \quad \rightarrow \quad \rightarrow \quad)$$

4.3　三相誘導電動機の理論

問 4-8 ★★☆❸　誘導電動機の同期速度について説明せよ。

問 4-9 ★☆☆　50 Hz，4 極の三相誘導電動機について，全負荷時の毎分回転速度が 1440 min^{-1} のとき，滑りを百分率（％）で求めよ。

問 4-10 ★☆☆　60 Hz の電源に接続された 4 極の三相誘導電動機が毎分回転速度 1728 min^{-1} で運転している。この電動機を 50 Hz の電源に接続して同一の滑りで運転した場合の回転速度を求めよ。

問 4-11 ★☆☆　同期速度 600 min^{-1}，極数が 12 の三相誘導電動機の電源周波数を求めよ。

問 4-12 ★☆☆　三相誘導電動機の電源周波数 f が 50 Hz で，回転磁界の回転速度 n_s が 750 min^{-1} のとき，極数 p を求めよ。

問 4-13 ★★☆　8 極の三相誘導電動機の固定子に周波数 50 Hz の電源，回転子に周波数 1.5 Hz の起電力を誘導しているものとする。このときの電動機の滑りおよび回転速度を求めよ。

問 4-14 ★★☆❷　誘導電動機の回転子と固定子の隙間であるエアギャップが大きすぎると，どのような不具合を生じるか説明せよ。

問 4-15 ★☆☆❷　三相誘導電動機に関して，全負荷と軽負荷では，いずれの場合の力率が低くなるか求めよ。

問 4-16 ★★☆　線間電圧 V が 220 V，一次入力 P_1 が 5 kW，力率 $\cos\varphi$ が 85％の三相誘導電動機の入力電流 I_1 [A] を求めよ。三相交流電力は $P = \sqrt{3}\,VI\cos\varphi$ で表される。

問 4-17 ★★☆　端子電圧 200 V，電流 40 A，力率 85％，効率 88％の三相誘導電動機について，この電動機の出力を求めよ。

問 4-18 ★☆☆❸　誘導電動機について，文中の空欄①〜④に当てはまる語を語群ア〜エから選び，その記号を答えよ。また，空欄ⓐ〜ⓓに当てはまる語と，空欄ⓔ，ⓕに当てはまる数を答えよ。

　（①　　）巻線の形によって，誘導電動機の極数が決まる。誘導電動機の①巻線の材料には，銅線がよく使われる。また，（②　　）巻線の形によって，誘導電動機は（ⓐ　　　　　）形誘導電動機と巻線形誘導電動機に分類される。ⓐ形誘導電動機の②巻線の材料には，銅・銅合金・（ⓑ　　　　　）がよく使われる。

　誘導電動機の固定子から生じる回転磁界の回転速度は，（ⓒ　　　　　）速度と呼ばれる。電源の周波数が高いほどⓒ速度は（③　　）くなり，極数が多いほどⓒ速度は（④　　）くなる。誘導電動機の回転子の回転速度は，ⓒ速度よりも遅い。その遅れの程度を表す比率が（ⓓ　　　　　）である。回転子が停止しているとき，ⓓは（ⓔ　　）である。もし回転子がⓒ速度と等しい速度で回転すると，ⓓは（ⓕ　　）となる。

〔語群〕ア：一次　イ：二次　ウ：速　エ：遅

~~~~~~~~~~~~~~~~~~~~~~~~~~~ 解答 ~~~~~~~~~~~~~~~~~~~~~~~~~~~

【4-7】 A → E → C → B → D

【4-8】 誘導電動機の同期速度とは，固定子で発生する回転磁界の回転速度のことで，回転子が回転する速度に大きく関係する。交流電源の周波数を f [Hz]，誘導電動機の磁極数を p とすると，同期速度 n_s [min^{-1}] は次の式で表される。

$$n_s = \frac{120f}{p} \text{[min}^{-1}\text{]}$$

【4-9】 $n_s = \dfrac{120f}{p} = \dfrac{120 \times 50}{4} = 1500 \text{[min}^{-1}\text{]}$

$s = \dfrac{n_s - n}{n_s} = \dfrac{1500 - 1440}{1500} = 0.04$

∴ 4 %

【4-10】 $n_s = \dfrac{120f}{p} = \dfrac{120 \times 60}{4} = 1800 \text{[min}^{-1}\text{]}$

$s = \dfrac{n_s - n}{n_s} = \dfrac{1800 - 1728}{1800} = 0.04$

50 Hz のとき

$n'_s = \dfrac{120f}{p} = \dfrac{120 \times 50}{4} = 1500 \text{[min}^{-1}\text{]}$

$n' = n_s(1 - s) = 1440 \text{[min}^{-1}\text{]}$

【4-11】 $f = \dfrac{p\, n_s}{120} = \dfrac{12 \times 600}{120} = 60 \text{[Hz]}$

【4-12】 $p = \dfrac{120f}{n_s} = \dfrac{120 \times 50}{750} = 8 \text{[極]}$

【4-13】 $f_2 = s f_1$ から $s = \dfrac{f_2}{f_1} = \dfrac{1.5}{50} = 0.03$

$n_s = \dfrac{120f}{p} = \dfrac{120 \times 50}{8} = 750$

$n = n_s - s n_s = 750 - 0.03 \times 750 = 727.5$

∴ 727.5 min^{-1}

【4-14】エアギャップが大きくなると，滑りが大きくなり，負荷抵抗が小さくなる。よって，無効電流（無負荷電流）が大きくなり，力率が悪化する。

【4-15】軽負荷のほうが1次電流に占める励磁電流の割合が大きくなるので力率は低い。

【4-16】 $P_1 = \sqrt{3}\,V I_1 \cos\varphi$ から

$$I_1 = \frac{P_1}{\sqrt{3}\,V \cos\varphi} = \frac{5000}{\sqrt{3} \times 220 \times 0.85} \fallingdotseq 15.44\,[\text{A}]$$

【4-17】 $\eta = \dfrac{P}{P_1}$ から $P = P_1 \eta = \sqrt{3}\,V I_1 \cos\varphi\,\eta = 10365$

∴ 10.4 kW

【4-18】 ①ア

② イ

③ ウ

④ エ

ⓐ かご

ⓑ アルミニウム

ⓒ 同期

ⓓ 滑り

ⓔ 1

ⓕ 0

問 4-19 ★☆☆　表は，電動機の損失をまとめたものである。表を完成させよ。

損失の分類

損失	無負荷損		
	負荷損		

4.4 三相誘導電動機の特性

問 4-20 ★☆☆❷　滑り s が一定の場合，誘導電動機の一次電圧を $1/2$ にすると，トルクは何倍になるか求めよ。

問 4-21 ★☆☆❷　三相誘導電動機を定格値以下の端子電圧で運転した場合，トルクはどのような値になるか求めよ。

問 4-22 ★★☆　200V，60Hz，6極，15kW の三相誘導電動機において，全負荷時の回転速度が $1152\,\text{min}^{-1}$ である。このときのトルクを求めよ。ここで，機械損は無視する。

問 4-23 ★★☆　三相誘導電動機に直結したポンプについて考える。ポンプの出力 75kW，効率 75%，また電動機の効率 88%，力率 90% であるとすれば，電動機の入力は何 kV・A であるか求めよ。

問 4-24 ★★☆　ある三相誘導電動機の，全負荷における滑りが 5% のときの二次銅損が 526W である。二次入力はいくらか。また，この電動機の同期速度が $1000\,\text{min}^{-1}$ のときのトルクを求めよ。

58

問 4-25 ★★☆　ある三相誘導電動機が入力 7.0 kW，固定子損失は 250 W，滑り 4％ で運転している。この電動機の発生動力，1 相あたりの回転子銅損を求めよ。ここで，機械損は無視する。

問 4-26 ★★☆❷　誘導電動機のトルクと滑りの関係を示す曲線（トルク–速度特性曲線）を描き，安定な運転ができる範囲を示して，その理由を述べよ。

問 4-27 ★★☆❶　誘導電動機に関する次の問いに答えよ。
(1) かご形誘導電動機において，トルクが滑りにほぼ比例する状態は，回転子の回転がどのような場合か。
(2) 一定電圧で運転されている巻線形誘導電動機において，回転子の電流およびトルクは，それぞれ何に比例して変化するか。
(3) 一定電圧で運転されている巻線形誘導電動機において，最大トルクと最大トルクを生じる滑りでは，どちらが二次回路の抵抗に比例するか。

――――― 解答 ―――――

【4-19】 損失の分類

損失	無負荷損	鉄損	ヒステリシス損＋うず電流損
		機械損	摩擦損（軸と軸受，ブラシなど）
			風損（回転子の空気抵抗）
	負荷損	直接負荷損	一次巻線の抵抗損（一次銅損）
			二次巻線の抵抗損（二次銅損）
			ブラシの電気損（接触抵抗損など）
		漂遊負荷損	その他の損失

【4-20】 トルクは一次電圧の 2 乗に比例するため，一次電圧を 1/2 にすると，トルクは 1/4 倍となる。

【4-21】 供給（一次）電圧の 2 乗に比例して始動トルクが変化するため減少する。

【4-22】 $\tau = \dfrac{60}{2\pi} \times \dfrac{P_g}{n} = \dfrac{60 \times 15 \times 10^3}{2\pi \times 1152} = 124.3\,[\text{N} \cdot \text{m}]$

【4-23】 ポンプへの入力 $= \dfrac{75 \times 10^3}{0.75} = 100 \times 10^3\,[\text{W}]$

電動機への皮相入力を $P_a\,[\text{kV} \cdot \text{A}]$ とすると

$P_a \times 10^3 \times 0.88 \times 0.9 = 100 \times 10^3$

$P_a = \dfrac{100}{0.88 \times 0.9} = 126.3\,[\text{kV} \cdot \text{A}]$

【4-24】 $P_2 : P_{c2} : P_0 = 1 : s : (1-s)$

二次入力 $P_2 = \dfrac{P_{c2}}{s} = \dfrac{526}{0.05} = 10.52 \times 10^3\,[\text{W}]$

また，$n_s = 1000\,[\text{min}^{-1}]$ であるから

$\tau = \dfrac{60 P_2}{2\pi n_s} = \dfrac{60 \times 10.52 \times 10^3}{2\pi \times 1000} = 100.4586\,[\text{N} \cdot \text{m}]$

∴ $100.46\,\text{N} \cdot \text{m}$

【4-25】二次回路への全入力 $P_2 = 7000 - 250 = 6750$ [W]

$P_2 : P_{c2} : P_0 = 1 : s : (1-s)$

機械動力 $P_0 = (1-s)P_2 = (1-0.04) \times 6.75 \times 10^3 = 6.48 \times 10^3$ [W]

二次銅損 $P_{c2} = sP_2 = 0.04 \times 6.75 \times 10^3 = 270$ [W]

∴ 1相の銅損 = 90 [W]

【4-26】

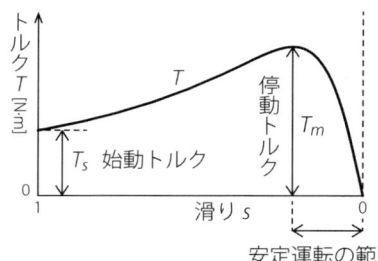

運転時は，最大トルクを越えない状態で，滑り 0 からの範囲で運転することが安定運転の条件となる。この範囲では，負荷が増えると，滑りも増して速度が低下し，負荷が減ると速度が上昇する。したがって，この範囲では負荷の増減に対して，誘導電動機のトルクも同様に変化して負荷と平衡し，安定した運転状態が維持できる。

【4-27】(1) 最大トルクの滑りから滑り 0 の同期速度近辺の範囲が，トルクと滑りが比例する領域となる。この範囲での滑りは比較的小さいため，回転磁界と回転子の速度差はわずかであり，回転子がわずかに遅れて回転している。

(2) 通常の負荷運転状態では，回転子の電流は，電源電圧が一定の場合は滑りに比例して変化する。電源電圧一定下だと磁束変化も小さいので，ほぼ回転子の電流に比例するといってよい。

(3) 最大トルクを生じる滑り。

問 4-28 ★★★❶　滑り s で運転中の誘導電動機のトルク T は，次の式で表される．式によって，下記(1)および(2)の事項をそれぞれ説明せよ．

$$T = kE_2^2 \frac{sr_2}{r_2^2 + (sx_2)^2}$$

ただし，k は定数，E_2 は $s = 1$ における二次誘導起電力，r_2 は二次巻線 1 相の抵抗，x_2 は $s = 1$ における二次巻線 1 相のリアクタンスである．

(1) 最大トルクに達するまで，トルクは，ほぼ速度に比例して上昇する．
(2) 最大トルクを発生する速度以上に速度が上昇すると，トルクは，ほぼ速度に反比例する．

問 4-29 ★★☆　二次入力 P_2 が 6.5 kW，電圧 V_1 が 440 V，周波数 f が 60 Hz，極数 p が 6，全負荷回転速度 n が 1152 min^{-1} の三相誘導電動機があるとする．次に示すそれぞれの値を求めよ．

①同期速度
②全負荷時の滑り
③二次効率
④二次銅損

問 4-30 ★★★❶❸　巻線形誘導電動機の比例推移とは何か，トルク-速度特性曲線を図示し説明せよ。さらに，誘導電動機の始動時において，この特性がどのように利用されるかも説明すること。

4.5　三相誘導電動機の運転

問 4-31 ★☆☆❸　かご形誘導電動機の始動法を列挙して簡単に説明せよ。

～～～～～～～～～～～～解答～～～～～～～～～～～～

【4-28】(1) 始動時のように滑りがある程度大きいとき、r_2 に対して sx_2 が十分に大きくなるので、トルク滑り式の分数部分は、$r_2/sx_2{}^2$ と近似できる。そのため、トルクと滑りは反比例となる。

$$T \propto \frac{r_2}{s x_2} \propto \frac{1}{s}$$

図のように滑りと速度を同じ x 軸とした場合、滑りの増減と速度の増減方向は逆向きとなる。よって、始動から最大トルクに達するまでは、トルクは速度が増加するにつれて大きくなる、比例のような関係となる。

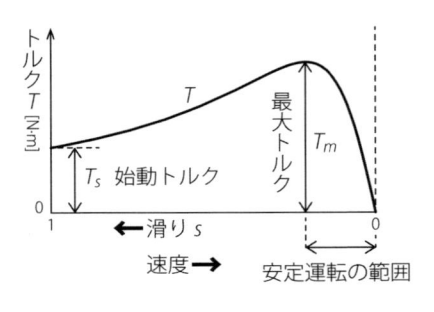

(2) 滑りが 0 の付近では r_2 に対して sx_2 が十分に小さくなるので、トルク滑り式の分数部分は s/r_2 と近似できる。よって、滑りとトルクは比例する。

$$T \propto \frac{s}{r_2} \propto s$$

よって、最大トルクの速度より速度が上昇する範囲では、トルクは速度が増加するにつれて小さくなる、反比例のような関係となる。

【4-29】① $n_s = \dfrac{120 \times 60}{6} = 1200\,[\text{min}^{-1}]$　　② $s = \dfrac{1200 - 1152}{1200} = 0.04$

③ $\eta_2 = \dfrac{P_g}{P_2} = 1 - s = 0.96$

④ $P_{c2} = s P_2 = 0.04 \times 6.5 \times 10^3 = 260\,[\text{W}]$

【4-30】電動機のトルクは，r'_2/s の値が変わらなければ，トルク T の値も変わらない。ここで，二次巻線抵抗 r'_2 [Ω] の巻線形誘導電動機が滑り s で運転されているときのトルクを T [N·m] とし，この二次回路にスリップリングを介して外部抵抗 R [Ω] を接続し $R_2 = r'_2 + R$ とする。二次合成抵抗 R_2 [Ω] を r'_2 の m 倍にしたとき，滑りも m 倍になる。この関係を表すと

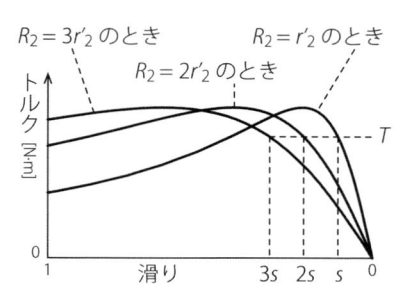

$$\frac{R_2}{ms} = \frac{r'_2 + R}{ms} = \frac{mr'_2}{ms} = \frac{r'_2}{s}$$

となるので，同じトルク T [N·m] となる。二次合成抵抗 R_2 [Ω] の場合のトルク速度曲線は，図のように滑りの大きいほうへ移動する。このように，二次合成抵抗の大きさに比例して，同じトルクを発生させる滑りが推移することを比例推移といい，R_2 [Ω] を適切に選べば始動時に最大トルクが得られ，始動特性を改善することができる。この特性は，電流，力率なども同様に，二次回路の抵抗の大きさによって比例推移する。

【4-31】①じか入れ始動法：全電圧始動法ともいい，電源電圧を直接加えて始動する方式である。

② Y-Δ 始動法：始動時には固定子巻線を Y 結線にして始動し，ある程度速度が増加したときに Δ 結線に切り換える方法である。

③始動補償器による始動法：始動時に，一次側に直列に始動補償器と呼ばれる三相単巻変圧器を接続して，電動機の端子電圧を定格電圧の 40〜80% 程度に低くして始動させ，ある程度速度が増したときに，全電圧を加えて定常運転に入る方法である。

④始動リアクトルによる始動法：始動時に一次側に直列にリアクタンスを接続して始動電流を 40〜80% 程度に制限する始動方法。ある程度速度が増したときに短絡する。

問 4-32 ★☆☆❷❸　Y-Δ 始動法とはどのようなものか。電流およびトルクは，全電圧始動法の場合に比較して，それぞれどのような値となるかを説明せよ。（Y 結線と Δ 結線を切り換える理由を説明すること）

問 4-33 ★★☆❷　かご形誘導電動機における，始動時に発生する異常現象を何と呼ぶか答えよ。また，その原因を簡潔に述べよ。

問 4-34 ★★☆　巻線形誘導電動機における，始動時に発生する異常現象を何と呼ぶか答えよ。また，その原因を簡潔に述べよ。

問 4-35 ★★☆❷　かご形誘導電動機において，無負荷運転から負荷運転にしたとき，電動機の速度が低下または停止する場合の原因を挙げよ。

問 4-36 ★☆☆❸　三相誘導電動機の速度制御法を列挙して簡単に説明せよ。

問 4-37 ★☆☆❶❸　かご形誘導電動機の速度制御には，どのような制御方法があるか。名称をあげて，それぞれ概要を説明せよ。

問 4-38 ★☆☆　三相誘導電動機の逆転方法について，図示し説明せよ。

問 4-39 ★☆☆❷　誘導電動機の緊急停止には，どのような制動方法が適しているか答えよ。

4.6　特殊かご形誘導電動機

問 4-40 ★☆☆❶　次の文章の空欄①〜⑤に適当な語をあてはめよ。

　二重かご形誘導電動機は，（①　　　　　　　　）鉄心の各溝に，上下 2 段に導体を納め，それぞれの両端を（②　　　　　　　）したかご形誘導電動機で，外側巻線には抵抗の（③　　　　　　）ものを，内側巻線には抵抗の（④　　　　　　）ものを用いる。始動時には，電流の大部分は（⑤　　　　　）を流れるので，始動特性が改善される。

問 4-41 ★★☆❶　深溝かご形誘導電動機に関する次の問いに答えよ。
(1) 二次側の導体の漏れリアクタンスは，導体が置かれている溝の深さによってどのように変わるか。
(2) 始動特性が改善されるのはなぜか。

4.7　単相誘導電動機

問 4-42 ★☆☆　単相誘導電動機の始動法を列挙せよ。

～～～～～～～～～～～～ **解答** ～～～～～～～～～～～～

【4-32】固定子巻線をY結線にして始動し，ある程度速度が増加したときにΔ結線に切り換える方法。Δ結線では，相電流がY結線時の$\sqrt{3}$倍となる。つまり，線間電圧は始動時には固定子各相の巻線に定格電圧の$1/\sqrt{3}$倍の電圧が加わることになり，Δ結線で全電圧始動した場合に比べ，始動電流が1/3となる。また電動機のトルクは加えた電圧の2乗に比例することから，始動トルクも1/3となるので，負荷が小さい状態で始動する場合に適している。

【4-33】クローリング（Crawling）という。回転子スロット数と固定子スロット数が適当でないと，それぞれのスロット位置によってギャップ起磁力の分布が高調波を含み，基本波によるトルクと，高調波によるトルクとが合成され，トルクの谷間が生じる。そのトルクの谷が必要なトルクより小さいと，始動しない，ある速度以上に上昇しないという問題が生じる。

【4-34】ゲルゲス現象（欠相現象）という。二次巻線が断線の際は，一次巻線に電流が流れても始動しない。スリップリングと二次巻線の接続不良，スリップリングとブラシの接触不良の際は，加速の遅れや異常音を発することもある。

【4-35】誘導電動機は，一般に負荷が増えると滑りが増加し速度が低下する。そして，負荷が大きすぎる場合は，その度合いが大きく，停止する場合がある。また，何らかの理由で回転子回路の抵抗が大きくなった場合も考えられる。

【4-36】①電源周波数変化法：電動機の電源周波数を変えれば同期速度が変わるため，速度制御ができる。電動機の一次側に周波数可変電源（インバータ）を用いる方法である。

②極数切換法：極数を変えることによって，段階的に回転速度を変える方法である。

③二次抵抗制御法：巻線形誘導電動機において，二次抵抗に比例して同一トルクを生じる滑りの点が大きくなるという比例推移を利用したものである。

④一次電圧制御法：誘導電動機のトルクが電圧の2乗に比例することを利用して速度制御を行う方法である。二次抵抗の大きさを大きくしておき，電圧を変えることによって同一負荷トルク時の滑りを変えられることを利用して，速度制御をする。

⑤二次励磁制御法：巻線形誘導電動機において，二次抵抗損に相当する電力を外部から加えることで速度制御をする方法。

【4-37】①電源周波数変化法：電動機の電源周波数を変えれば同期速度が変わるため，速度制御ができる。電動機の一次側に周波数可変電源（インバータ）を用いる方法である。

②極数切換法：極数を変えることによって段階的に回転速度を変える方法である。

③一次電圧制御法：誘導電動機のトルクが電圧の 2 乗に比例することを利用して速度制御を行う方法である。二次抵抗の大きさを大きくしておき，電圧を変えることによって同一負荷トルク時の滑りを変えられることを利用して，速度制御をする。

【4-38】三相電源の 3 線のうち 2 線の接続を入れ替えて三相交流の相順を逆にすれば，固定子巻線がつくる回転磁界の方向が変わり，電動機は逆転する。

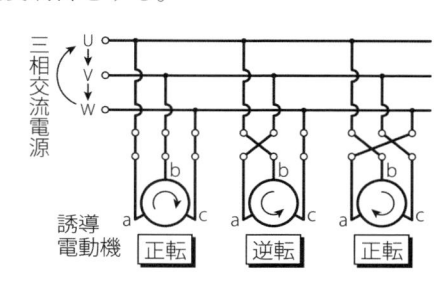

【4-39】逆相制動（プラッギング）が適している。3 本の三相固定子巻線のうち 2 本を入れ替えると，回転磁界の方向は逆方向になり，回転子に逆方向の力が発生し誘導ブレーキとなるため，強力な制動トルクを発生する。この方法は，効果的に急制動を行うことができる。

【4-40】①回転子　②短絡　③大きい　④小さい　⑤外側巻線

【4-41】(1)　導体の漏れ磁束は内側（深い）ほど大きくなる。

(2)　比例推移を利用した場合と同様，巻線形の回転子に抵抗を入れたことと同じ作用となり，大きな始動トルクを得ることができる。回転速度が増して滑りが小さくなるとリアクタンスも減少するので，電流はほぼ一様に流れるようになり，普通かご形と同様となり，運転効率が良くなる。

【4-42】分相始動形，コンデンサ始動形，くま取りコイル形

4.8　三相誘導電動機の保守

問 4-43 ★☆☆❶　運転中に電動機が振動する場合の原因を，電磁気的なものと機械的なものに分けて説明せよ．

問 4-44 ★☆☆❶　誘導電動機の軸受および巻線は，それぞれどのような事項について注意して取り扱わなければならないか答えよ．

問 4-45 ★☆☆❸　電動機の絶縁抵抗はどのように計測するか答えよ．

問 4-46 ★★☆❶　電気機器に海水が浸入した場合の乾燥法に関する次の問いに答えよ．
(1) 乾燥する前に，どのような応急処置を施しておく必要があるか．
(2) 絶縁抵抗が非常に低下している場合には，熱気乾燥法および電流乾燥法のうち，どちらを最初に行うほうがよいか．
(3) 絶縁抵抗は，乾燥時間の経過に対して一般にどのように変化するか．

問 4-47 ★☆☆❷　三相誘導電動機の運転中における日常の点検は，どのようなことに留意する必要があるか答えよ．

問 4-48 ★☆☆❸ 誘導電動機の故障の原因をまとめると表のようになる。表を完成させよ。

故障の状態	原　因	対　策
音がせず回転しない		
うなり音がするが回転しない		
規定の回転数に達しない		
電流計の指示値が大きく変動する		
振動が大きい		
軸受部が発熱する		

～～～～～～～～～～～～～～～**解答**～～～～～～～～～～～～～～～

【4-43】電磁気的な原因：固定子と回転子のエアギャップが狂っている。エアギャップが大きくなると，滑りが大きくなり，力率が小さくなる。それが振動として現れる場合がある。また，断線やアース不良などにより巻線に不平衡電流が流れる場合も振動の原因となる。

機械的な原因：軸心のずれや軸受不良，負荷側の振動が伝わっているなどの取り付け方法の問題，固定子と回転子が接触しているなどの電動機の組み立て精度の問題が原因として考えられる。

【4-44】軸受：過熱していないか，潤滑油の量が適当か，軸・軸受が磨耗していないか，軸心がずれていないか注意する。

巻線：異常な温度上昇がないか，断線していないか，絶縁抵抗に問題はないか注意する。

【4-45】絶縁抵抗計（メガオーム計）を用いて計測する。船舶設備規程（第262条）に規定されている抵抗値を確認して，それよりも大きな抵抗値であることを計測し確認する。絶縁抵抗計には，さまざまなタイプがあり，取扱説明書を確認して使用する。

【4-46】(1) 機器内に入っているごみや汚物などを除去するため，分解清掃を行う。分解した個々の部品を清水でふき去り，油分はガソリンなどで十分にふき取る。絶縁に悪い影響を与える塩分がある場合は，水を使って処理をして十分に取り除く。

(2) 絶縁抵抗が低下している場合は，電流を流すと危険であるため，熱風を使って十分に乾燥させる。一方，絶縁抵抗が規定の値になっている場合には，電流を流すことによって装置の温度を上昇させ，乾燥させる方法がある。

(3) 一般に乾燥始めには絶縁抵抗は低下し，その後，上昇し始める。十分に絶縁抵抗を上げるためには，長時間にわたって乾燥を継続する必要がある。

【4-47】①運転時の電流が普段の状態と異なっていないかを確認する。
②普段から各部の運転時の温度を確認しておき，温度上昇に注意する。
③普段とは異なる臭い，振動や音に注意する。
④負荷に対する速度の変動や低下に注意する。

【4-48】

故障の状態	原因	対策
音がせず回転しない	停電 固定子巻線の断線 電動機への接続線の断線 始動器の接触不良	電源確保 導通試験をした後，断線箇所を修理する 断線箇所を確認し修理する 接触状態を調整する
うなり音がするが回転しない	電源電圧不足 開閉器の接触不良 スリップリングとブラシの接触不良 三相巻線の断線 負荷が大きすぎる 固定子と回転子が接触している 軸受の焼き付き	配電盤の電圧を確認し正規の電圧にする 接触状態を調整する 接触状態を調整する 断線箇所を確認し修理する 負荷との接続を切り離して運転し確認 軸受などの機械部分を確認し調整する 点検して組みなおす
規定の回転数に達しない	固定子や回転子回路の抵抗が大きい 供給電圧不足 三相巻線の断線 負荷が大きすぎる	巻線形では，スリップリングとブラシの接触および始動器の接触を確認，かご形では，回転子導体と端絡環の接触を確認 配電盤の電圧を確認し正規の電圧にする 断線箇所を確認し修理する 負荷との接続を切り離して運転し確認
電流計の指示値が大きく変動する	負荷が大きく変動している 固定子や回転子回路の抵抗が大きい 電流計不良	負荷変動を小さくする 巻線形では，スリップリングとブラシの接触および始動器の接触を確認，かご形では，回転子導体と端絡環の接触を確認 電流計を交換する
振動が大きい	軸心のずれ 固定子と回転子が接触している 固定子と回転子のエアギャップが狂っている 負荷側の振動が伝わっている アース不良	軸受を確認し軸心の心出しを行う 手で回転させてみて取り付け状態を調べ調整する 隙間を計測して修正する 負荷との接続を切り離して運転し確認 テスターで漏電を調べて修理する
軸受部が発熱する	軸心の狂い 軸受の隙間が適当でない ベアリングの隙間が適当でない グリースが少ないか多すぎる ベルト張力が強すぎる	軸心の調整をする 隙間の調整をする 隙間の調整をする 規定の量にする 規定の張力にする

チャレンジ問題

　440 V, 60 Hz の電源回路に接続された, 全負荷で運転中の 4 極巻線形三相誘導電動機について考える。全負荷速度で 1728 min⁻¹, 二次側巻線 1 相あたりの抵抗が 0.024 Ω であるとき, 以下の問いに答えよ。

(1) この電動機の全負荷トルクに等しいトルクを始動時に得るためには, 二次側巻線に何 Ω の抵抗を挿入したらよいか答えよ。

(2) この電動機の全負荷速度を 1440 min⁻¹ にするためには, 二次側巻線に何 Ω の抵抗を挿入したらよいか答えよ。

解答

【チャレンジ】

同期速度 $n_s = \dfrac{120 \times 60}{4} = 1800 \ [\text{min}^{-1}]$

1728 min⁻¹ のときの滑り $s_1 = \dfrac{1800 - 1728}{1800} = 0.04$

(1) 挿入する抵抗を $R\,[\Omega]$ とすると, $\dfrac{r}{s} = \dfrac{R+r}{100}$ より

$$\dfrac{0.024}{4} = \dfrac{R + 0.024}{100}$$

$R = 0.576 \ [\Omega]$

(2) 1440 min⁻¹ のときの滑り $s_2 = \dfrac{1800 - 1440}{1800} = 0.2$

したがって

$$\dfrac{0.024}{4} = \dfrac{R + 0.024}{20}$$

$R = 0.096 \ [\Omega]$

CHAPTER 5

シーケンス制御

問 5-1 ★☆☆　シーケンス制御とは何かを説明せよ。

5.1　シーケンス制御の部品と記号

問 5-2 ★★☆　条件制御と計数制御，時限制御についてそれぞれ説明せよ。

問 5-3 ★☆☆　押しボタンスイッチの図記号をすべて書き，それぞれの動作を説明せよ。

問 5-4 ★☆☆　以下の機器の図記号を描け。
①リレーコイルとリレースイッチ
②タイマスイッチ4種

問 5-5 ★☆☆　以下に挙げる名称などをそれぞれ英訳，和訳せよ。
①シーケンス制御
②自動制御
③シーケンス図
④スイッチ
⑤限時リレー
⑥a接点
⑦b接点
⑧ JIS
⑨ Push Button
⑩ Relay

押しボタンスイッチ 　　　　　　ナイフスイッチ

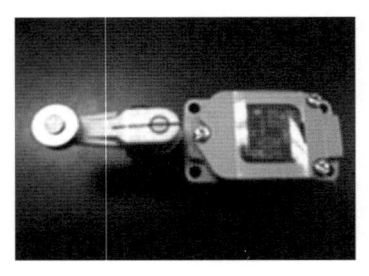

リミットスイッチ 　　　　　　電磁接触器

電磁リレー 　　　　　　限時リレー

シーケンス制御に用いるスイッチ類

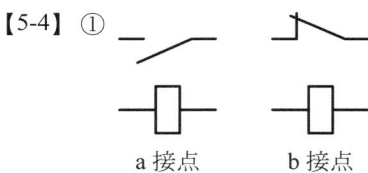

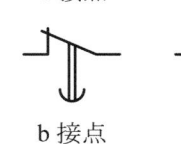

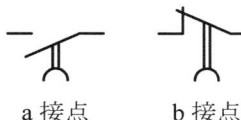

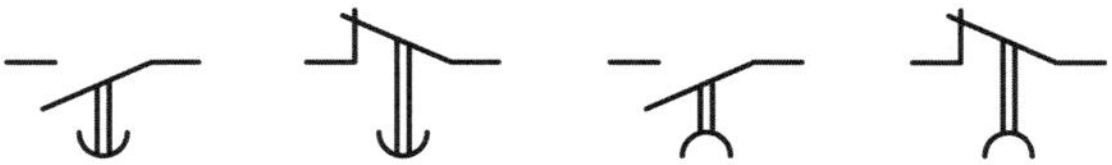

~~~~~~~~~~~~~~~~~~~~~~~~~~~~~~~~ 解答 ~~~~~~~~~~~~~~~~~~~~~~~~~~~~~~~~

【5-1】あらかじめ定められた順序に従って，制御の各段階を逐次進めていく制御（JIS による）

【5-2】条件制御：スイッチ操作やセンサの反応など，何らかの条件で次の段階へ進む方式

　　　計数制御：設定された回数や個数に達すると次の段階に進む方式

　　　時限制御：設定された時間が経過すると次の段階に進む方式

【5-3】
a 接点　　　　b 接点　　　　a 接点（残留接点）
通常：オフ　　通常：オン　　押す：オンとオフが
押す：オン　　押す：オフ　　　　　切り替わる

【5-4】①
a 接点　　　b 接点

②
a 接点　　b 接点　　a 接点　　b 接点
（動作型）（動作型）（復帰型）（復帰型）

【5-5】① Sequential Control　　⑥ Make Contact
　　　② Automatic Control　　　⑦ Break Contact
　　　③ Sequence Diagram　　　 ⑧ 日本工業規格
　　　④ Switch　　　　　　　　 ⑨ 押しボタン
　　　⑤ Time-Lag Relay　　　　 ⑩ 電磁継電器

問 5-6 ★☆☆ 以下に挙げられた機器の図記号の名称を答えよ。

(例) リミットスイッチ c接点	①	②	③	④	⑤
⑥	⑦	⑧	⑨	⑩	⑪
⑫	⑬	⑭	⑮	⑯	⑰

5.2 シーケンス制御基本回路

問 5-7 ★★☆　下図の①ランプ初期状態，②スイッチ S1 を押して離したときの動作，③その後スイッチ S2 を押下時の動作をそれぞれ説明せよ。

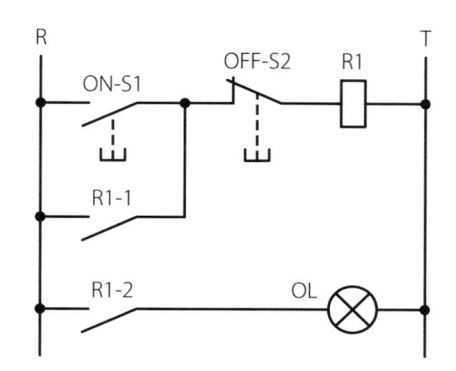

問 5-8 ★★☆　下図の①ランプ初期状態，②スイッチ S1 を押して離したときの動作，③その後スイッチ S2 を押下時の動作をそれぞれ説明せよ。

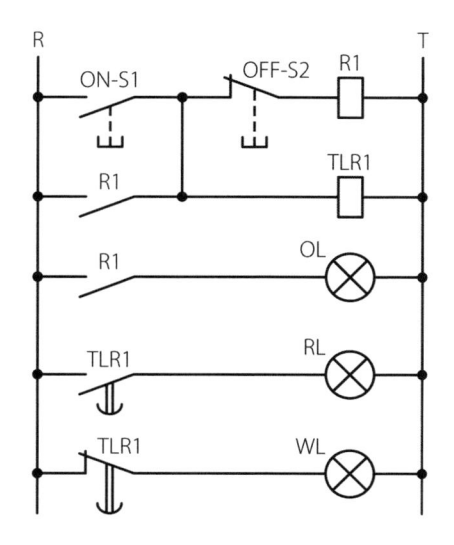

～～～～～～～～～～解答～～～～～～～～～～

【5-6】①リレーコイル
②ランプ
③ナイフスイッチ
④熱動過電流リレー
⑤ヒューズ
⑥変圧器（単線）
⑦電動機
⑧限時復帰a接点
⑨抵抗
⑩限時動作b接点
⑪交流電源
⑫発電機
⑬限時復帰b接点
⑭電磁接触器
⑮限時動作a接点
⑯遮断器
⑰押しボタンスイッチb接点

【5-7】① OL 消灯
② スイッチ S1 を押すとコイル R1 が通電（励磁），リレースイッチ R1-1 の a 接点と R1-2 の a 接点がオンとなる。リレースイッチ R1-2 はランプ OL と直列のため，ランプ OL が点灯する。スイッチ S1 と並列のリレースイッチ R1-1 がオンとなっているため，スイッチ S1 を離してもコイル R1 は通電し続けリレースイッチ R1-1 の動作は継続することで，リレースイッチのオン状態を継続させる自己保持回路となる。

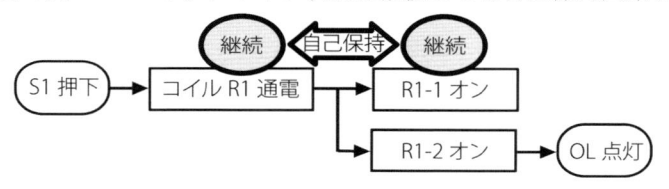

③ コイル R1 が非通電（消磁）となり，リレースイッチ R1-1 の a 接点と R1-2 の a 接点はオフ，自己保持が解除され，ランプ OL が消灯する。

【5-8】① WL 点灯，OL 消灯，RL 消灯
② スイッチ S1 を押すとコイル R1 と TLR1 が通電，タイマ TLR1 については後述する。コイル R1 通電によりリレースイッチ R1 の a 接点 2 つがオンとなる。下側のリレースイッチ R1 がランプ OL と直列のため，ランプ OL は点灯する。スイッチ S1 と並列のリレースイッチ R1（図中の上側）がオンとなっているため，スイッチ S1 を離してもコイル R1 は通電し続ける。そのためリレースイッチ R1 の動作は継続し，自己保持回路となる。タイマ設定時間経過後，タイマスイッチ TLR1 の限時動作 a 接点と限時動作 b 接点が動作して，ランプ RL は点灯し，ランプ WL は消灯する。

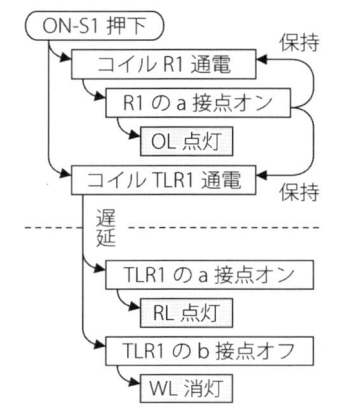

③ コイル R1 と TLR1 が非通電となり，リレースイッチ R1 の a 接点は両方オフ，自己保持が解除およびランプ OL が消灯する。タイマスイッチ TLR1 も両方復帰して，ランプ RL が消灯し，ランプ WL は点灯する。

問 5-9 ★★☆　論理回路とスイッチ回路に関する問いに答えよ。

(1) 押しボタンスイッチを使用した OR 回路によるランプ点灯回路図，OR の論理記号を描き，次に OR 回路の真理値表を埋めよ。

　　　　〔点灯回路図〕　　　〔論理記号〕

〔真理値表〕

A	B	Z
0	0	
0	1	
1	0	
1	1	

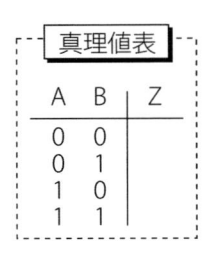

(2) 押しボタンスイッチを使用した AND 回路によるランプ点灯回路図，AND の論理記号を描き，次に AND 回路の真理値表を埋めよ。

　　　　〔点灯回路図〕　　　〔論理記号〕

〔真理値表〕

A	B	Z
0	0	
0	1	
1	0	
1	1	

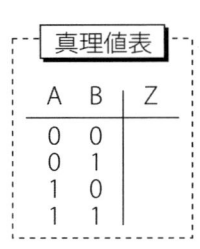

(3) 押しボタンスイッチを使用した NOT 回路によるランプ点灯回路図，NOT の論理記号を描き，次に NOT 回路の真理値表を埋めよ。

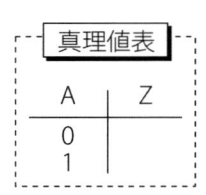

　　　　〔点灯回路図〕　　　〔論理記号〕

〔真理値表〕

A	Z
0	
1	

CHAPTER 5　シーケンス制御

問 5-10 ★★★　下図の回路の真理値表を完成させよ。

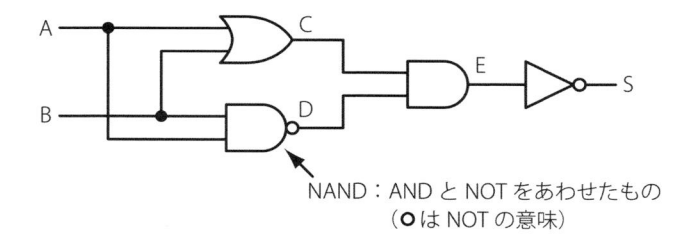

NAND：AND と NOT をあわせたもの
（○は NOT の意味）

入力					出力
A	B	C	D	E	S
0	0				
0	1				
1	0				
1	1				

問 5-11 ★★☆　下図のスイッチ S1 を押したときの動作を説明せよ。

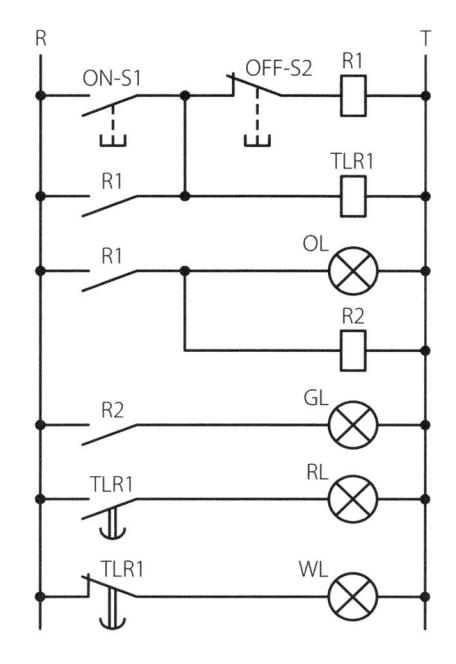

83

～～～～～～～～～～～～～ 解答 ～～～～～～～～～～～～～

【5-9】 (1)

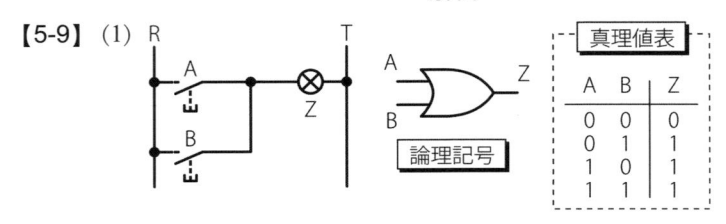

論理記号

真理値表

A	B	Z
0	0	0
0	1	1
1	0	1
1	1	1

(2)

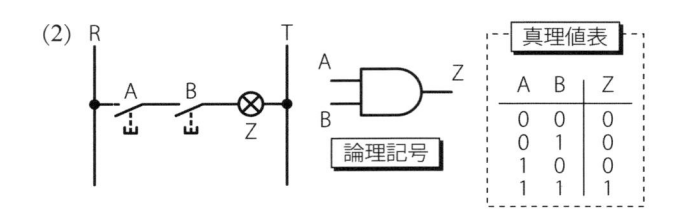

論理記号

真理値表

A	B	Z
0	0	0
0	1	0
1	0	0
1	1	1

(3)

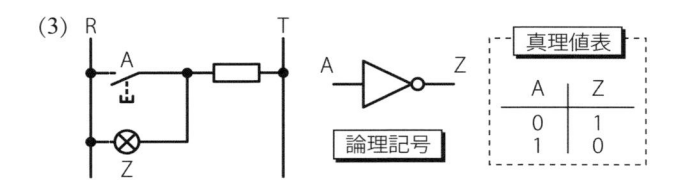

論理記号

真理値表

A	Z
0	1
1	0

【5-10】

入力					出力
A	B	C	D	E	S
0	0	0	1	0	1
0	1	1	1	1	0
1	0	1	1	1	0
1	1	1	0	0	1

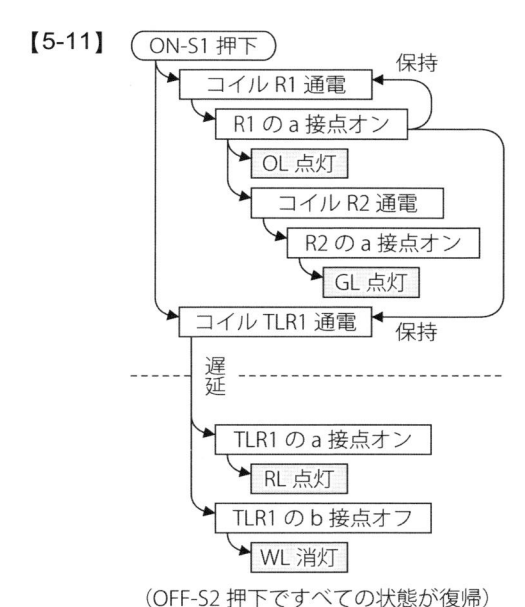

【5-11】
ON-S1 押下
→ コイル R1 通電 ← 保持
　→ R1 の a 接点オン
　　→ OL 点灯
　　　→ コイル R2 通電
　　　　→ R2 の a 接点オン
　　　　　→ GL 点灯
→ コイル TLR1 通電 ← 保持
-------- 遅延 --------
　→ TLR1 の a 接点オン
　　→ RL 点灯
　→ TLR1 の b 接点オフ
　　→ WL 消灯

（OFF-S2 押下ですべての状態が復帰）

5.3 シーケンス制御応用回路

問 5-12 ★☆☆　以下の英字記号に対応する制御機器を答えよ。

① BS

② THR

③ ST

④ MC

⑤ MCCB

⑥ TLR

問 5-13 ★★☆❸　下図の回路について答えよ。

※ MCCB はオンとして考える。

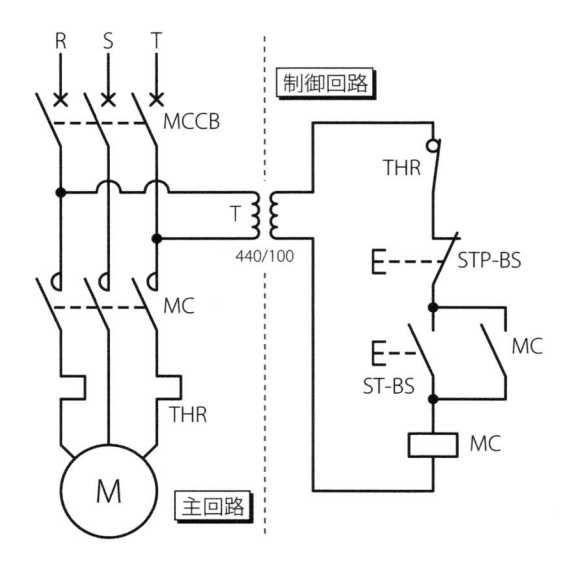

(1) ① ST-BS ボタンを押したときの動作，② その後 STP-BS ボタンを押したときの動作をそれぞれ説明せよ。
(2) 回路中の THR が作動すると，回路はどのような動作をするか説明せよ。
(3) 電動機を逆転させるには回路をどのように変更すればよいか説明せよ。

問 5-14 ★★☆　次の条件をすべて満たすシーケンス回路を描き，回路のどの部分が条件に当てはまるか，該当部分を線で囲んで，その番号を示せ．
①押しボタンスイッチによるリレーコイルの通電
②リレースイッチ動作時にランプ YL 点灯
③リレースイッチ動作時にランプ WL 消灯

問 5-15 ★★★　次の条件をすべて満たすシーケンス回路を描き，回路のどの部分が条件に当てはまるか，該当部分を線で囲んで，その番号を示せ．
①押しボタン（自己保持有）による電動機の始動
②始動後，設定時間による電動機停止
③手動（押しボタン）による電動機停止も可能
④ヒューズ（電動機過電流）による電動機の停止

問 5-16 ★★★❷　下図のシーケンス制御回路に関する問いに答えよ．
※ MCCB はオンとして考える．

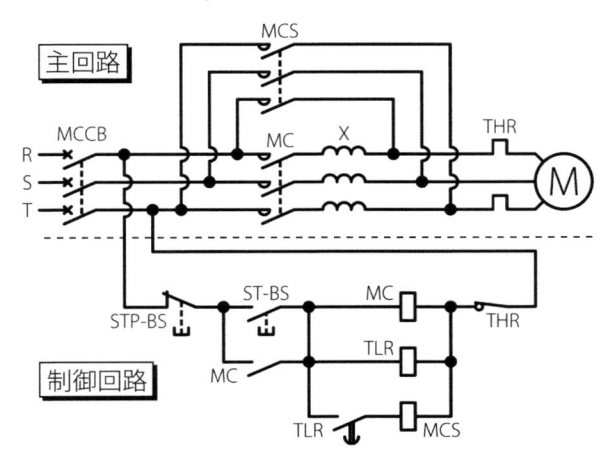

(1) この回路でのリアクトル X の働きを説明せよ．
(2) タイマの設定時間が経過した後，回路の動作はどのように変化するかを説明せよ．
(3) 自己保持回路により，通電が継続されるコイルをすべて挙げよ．

～～～～～～～～～～～～～～～ 解答 ～～～～～～～～～～～～～～～

【5-12】 ①ボタンスイッチ
②熱動過電流リレー
③始動
④電磁接触器
⑤配線用遮断器
⑥限時（タイマ）リレー

【5-13】 (1) ① 1. 始動用押しボタンスイッチ ST-BS を押すと，コイル MC が通電
2. リレースイッチ MC の a 接点がオンになり，自己保持回路となる
3. 上記 2 つと同時に電磁接触器 MC の a 接点がオンとなり，電動機始動
② コイル MC が非通電となり，リレースイッチ R1 と電磁接触器 MC は両方復帰してオフとなる。自己保持が解除されるとともに電動機が停止する。
(2) 制御回路中のスイッチ THR の b 接点がオフになる。その後の動作は STP-BS を押したときと同一となる。
(3) 電源線 3 線のうちの 2 線を入れ替えれば，電動機が逆転する。

～～～～～～～～～～～～～～～～～～～～～～～～～～～～～～～～～～

【5-14】

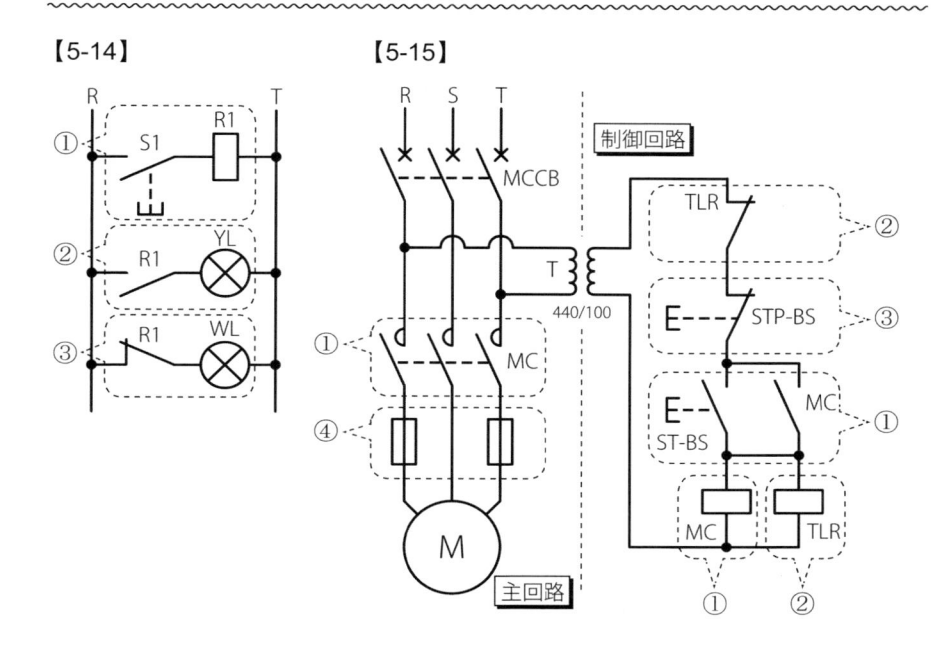

【5-15】

【5-16】 (1) リアクトルは電流を流れにくくする性質を持つため，リアクトル X を介して電動機への電流が流れるときは電動機への電流が小さくなる。そのため，始動電流を抑制することができる。

(2) タイマの設定時間が経過すると限時動作接点 TLR の a 接点がオン，コイル MCS が通電する。電磁接触器 MCS の a 接点がオンとなり，リアクトル X の両端を短絡する形で接続される。リアクトル X 両端の短絡により，電動機には電磁接触器 MCS 経由で直接電流が流れるため，リアクトル X による電流制限のない通常運転状態となる。

(3) コイル MC，コイル TLR，コイル MCS（※コイル MCS はタイマ設定時間経過以降）

問 5-17 ★☆☆　以下の制御機器番号に対応する機器を答えよ。

3		51	
8		88	

問 5-18 ★★★❷　下図のシーケンス制御回路に関する問いに答えよ。

※基本的に 89 はオンとして考える。

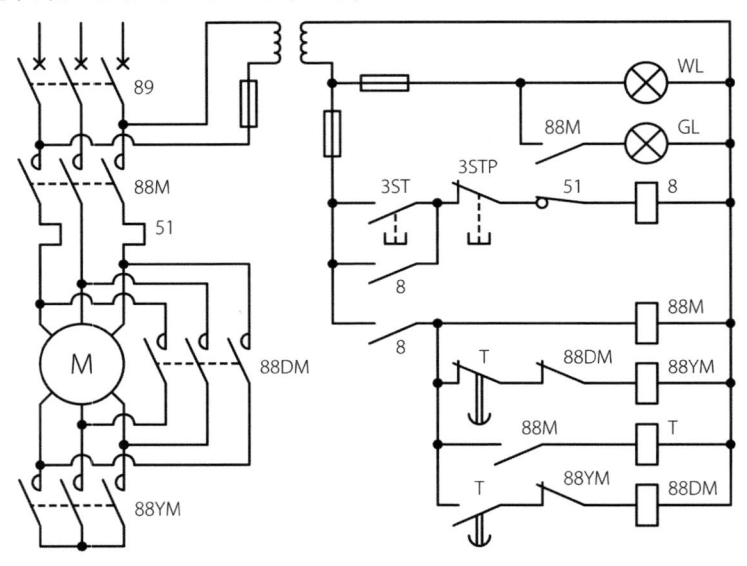

(1) 3ST を押した後，コイル 88M と 88YM が通電するまでの動作を説明せよ。
(2) コイル 88M と 88YM が通電した後，電動機が始動するまでの動作を説明せよ。
(3) タイマの設定時間が経過した後，運転状態までの回路動作を説明せよ。
(4) インターロック機能とは何かを，この回路での動作を交えて説明せよ。
(5) 電動機が停止する条件を 4 つ以上挙げよ。
(6) センサ 51 に過電流が流れたときの動作を説明せよ。
(7) このシーケンス回路での電動機始動時と運転時では，電動機にかかる電圧の大きさや電源線の結線はどうなるかを説明せよ。

問 5-19 ★★★❷　下図のシーケンス制御回路に関する問いに答えよ。

※ 89 はオンとして考える。

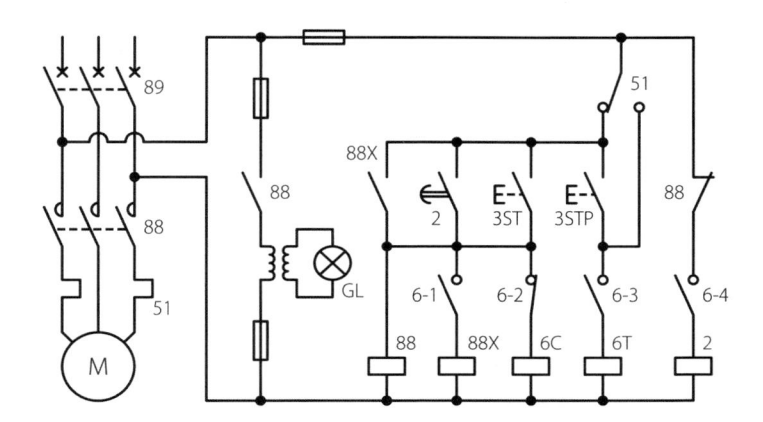

(1) 非自動復帰のリレースイッチ 6（1 〜 4）に対して，2 種のリレーコイル 6C と 6T がある。このようなリレーを何というか。また，そのリレー機能がどのようなものかも説明せよ。
(2) 3ST を押した後の動作を説明せよ。
(3) 運転中に電源喪失した場合，電源復帰後のシーケンスを説明せよ。

～～～～～～～～～～～ 解答 ～～～～～～～～～～～

【5-17】

3	操作スイッチ	51	過電流リレー
8	電源制御スイッチ	88	補機用スイッチ類

【5-18】 (1) スイッチ 3ST を押すとコイル 8 が通電し，スイッチ 3ST と並列に接続されているスイッチ 8 の a 接点（図中の上側）がオンとなり自己保持される。同時にコイル 88M と直列に接続されているスイッチ 8 の a 接点（図中の下側）もオンとなるので，コイル 88M と 88YM が通電する。

(2) コイル 88M の通電により 2 つのスイッチ 88M の a 接点がオンとなってランプ GL が点灯し，タイマ T も通電する。コイル 88M と 88YM の通電により，主回路の電磁接触器 88M および 88YM がオンとなり，電動機はタイマが設定されているまでの一定時間，Y 結線で始動する。

(3) タイマの設定時間が経過するとコイル 88YM に直列に接続されている限時動作 b 接点がオフとなり，88YM が非通電となる。同時にコイル 88DM に直列に接続されている限時動作 a 接点と 88YM の b 接点がオンとなる。そのことによりコイル 88DM が通電して主回路のスイッチ 88DM がオンとなり，電動機は Y 結線から Δ 結線に切り替わって運転される。コイル 88YM とコイル 88DM はインターロック機能により，同時に通電することはない。

(4) 88YM および 88DM の b 接点がそれぞれコイル 88DM およびコイル 88YM に直列に接続されているので，コイル 88YM とコイル 88DM が同時に通電することはない。このように，スイッチなどを利用して，一方の機能が動作している間，もう一方の機能を同時に動作させないことを，インターロック機能と呼ぶ。

(5) 停止スイッチ 3STP の操作，配線用遮断器 89 による遮断，熱動過電流リレー 51 の動作，変圧器前後のヒューズ溶断，電源喪失など

(6) 電動機に過電流が流れて 51 の熱動過電流リレーセンサの温度が上昇すると，コイル 8 に直列に接続されている 51 の b 接点がオフとなり，コイル 8 が非通電となる。リレースイッチ 8a 接点がオフになり，コイル 88M，88YM，88DM，およびタイマコイルがすべて非通電となる。主回路の電源スイッチ 88M，88YM，88DM はすべてオフ状態となり，電動機は停止する。同時に GL は消灯する。

(7) 電動機が Y 結線で始動するとき，電動機にかかる電圧は電源電圧の $1/\sqrt{3}$ になる。Δ 結線での運転時は電源の全電圧がかかる。

【5-19】(1) キープリレーという。非自動復帰接点 6 は，コイルの非通電では接点状態は復帰せず，接点動作用のコイル 6C と接点復帰用のコイル 6T を使い分ける。

(2) スイッチ 3ST を押すとリレー 88 と 6C が通電し，主回路側の電磁接触器 88 がオンで電動機が始動し，スイッチ 88 の a 接点がオンで同時にランプ GL も点灯する。スイッチ 88 の b 接点はオフであることから，タイマコイル 2 は通電しない。コイル 6C の通電によってすべての手動復帰スイッチ 6 が動作して接点状態が変化する。このことによりコイル 88X が通電し，スイッチ 88X の a 接点がオンとなり自己保持される。

(3) 運転中に電源喪失した場合，スイッチ 6 は動作状態で保持される。このことから，タイマコイル 2 と直列に接続されているスイッチ 6-4 の a 接点とスイッチ 88 の b 接点はともにオンになり，タイマコイル 2 は通電する。

タイマの設定時間が経過すると，タイマスイッチ 2 の限時動作 a 接点が動作しオンとなる。このことよりコイル 88 と 88X が通電し，スイッチ 88X オンにより自己保持されつつ，主回路側の電磁接触器スイッチ 88 がオンとなり，電動機は再始動する。

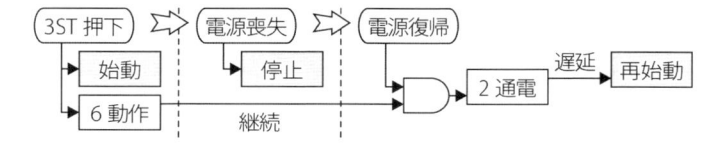

```
3ST 押下 ⇒ 電源喪失 ⇒ 電源復帰
     ↓          ↓          ↓
    始動       停止         ┐        遅延
    6 動作 ──継続──────────┴─ 2 通電 ── 再始動
```

電動機の正転逆転シーケンス制御回路

　下図の回路は電動機の正転逆転シーケンス制御回路となる。正転始動スイッチ ST-BSF を押した場合のシーケンス動作を説明すると以下のようになる。なお MCCB は投入されていることを前提に説明する。

① 　正転始動用押しボタンスイッチ ST-BSF を押すと，電磁コイル MCF が通電。

② 　リレースイッチ MCF の a 接点がオンで自己保持回路となり，MCF の b 接点がオフでインターロックとなる。

③ 　電磁接触器 MCF の a 接点がオンとなり，電動機正転始動逆転始動スイッチ ST-BSR を押した場合は電磁接触器 MCR により 3 相電源の 3 線のうち 2 線の接続が入れ替わり，電動機が逆転始動する。ただし正転もしくは逆転運転中はインターロックにより反対方向の回転スイッチは機能せず，一旦停止スイッチ STP-BS を押す必要がある。

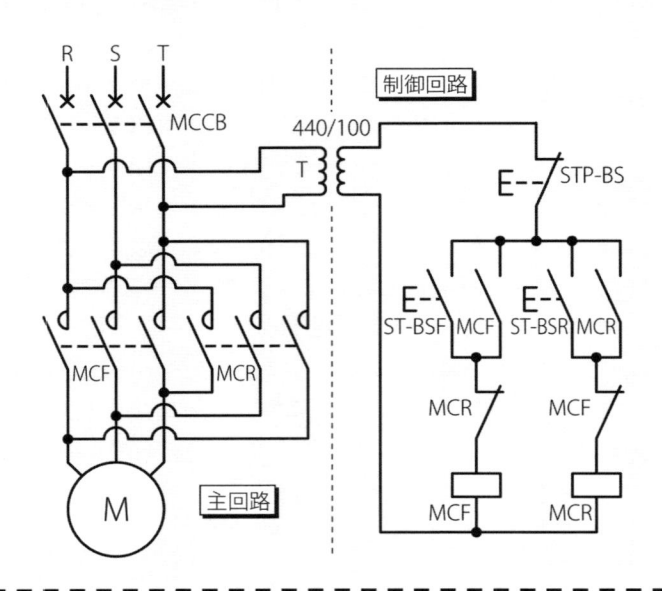

CHAPTER 6

パワーエレクトロニクス

問 6-1 ★☆☆　パワーエレクトロニクスとは何か説明せよ。

6.1 電力用半導体

問 6-2 ★☆☆　半導体について以下の空欄に適する語句を答えよ。

電気材料は，大きく分けると（①　　　　　）と（②　　　　　）そして半導体の3つに分けられる。各々の抵抗率は，おおよそ②が $10^{-8} \sim 10^{-4}$ [Ωm]，①が $10^6 \sim 10^{18}$ [Ωm]，半導体が $10^{-2} \sim 10^5$ [Ωm] となる。半導体の代表的な材料としては（③　　　　　）がある。③やGeの単結晶でできた半導体を，真性半導体という。

問 6-3 ★☆☆　p形半導体とn形半導体について以下の空欄に適する語句を答えよ。

真性半導体に5価の原子であるSbやAs, Pなどをわずかに加えると，添加した原子1個につき1個の自由電子が発生し，（①　　　　　）となる。これを（②　　　　　）形半導体という。

真性半導体の中に3価の原子であるBやAl, Inをわずかに混入すると，これらの原子は電子に比べて価電子の数が1個少ないため，添加した原子1個につき，ホール（正孔）が1個発生し，これが①となる。これを（③　　　　　）形半導体という。

このように，単結晶である真性半導体に他のものを加えた半導体を（④　　　　　）半導体という。

問 6-4 ★★☆❷　ダイオードの作用について，その名称を書き，性質を説明せよ。

冷却ポンプ始動盤内部
（遮断器，電磁接触器，変圧器が内部に配置，制御回路は左側蓋部の金属ケース内）

モータ制御用インバータ外観

CHAPTER 6 パワーエレクトロニクス

―― 解答 ――

【6-1】電気工学，電子工学，制御工学の複合分野で，半導体にて電力を変換，制御する技術。

【6-2】①絶縁体
　　　②導体
　　　③ Si

【6-3】①キャリア
　　　② n
　　　③ p
　　　④不純物

【6-4】整流作用：電流の流れを整える（一方向のみにする）性質のこと。ダイオードはカソードからアノード方向へのみ電流を流す。

問 6-5 ★☆☆　ダイオードの図記号を描き，各端子名を記入せよ．

問 6-6 ★★☆❷　降伏（ツェナー）現象について，ダイオードの電圧-電流特性のグラフを描いて説明せよ．

問 6-7 ★★☆　降伏現象を利用したダイオードの名称を答えよ．

> **教科書補足事項**　光を受けた際に起電力が生じる，光起電力効果を利用したダイオードのことをフォトダイオードといい，順方向に電圧をかけた際に光を発するダイオードのことを発光ダイオード(LED)という．

問 6-8 ★★☆　フォトダイオードと発光ダイオードの違いを簡潔に説明せよ．

問 6-9 ★☆☆❷　サイリスタについて以下の空欄に適する語句を答えよ．
　サイリスタは（①　　　　　　）より大きな電力を制御できる一方向導通素子である．ダイオードと（②　　　　　　）が直列に接続されていると考えればよい．サイリスタに（③　　　　　　）方向電圧がかかっているときにゲート信号が入力されると電流が流れる．
　サイリスタが導通することを（④　　　　　　）と呼び，サイリスタが導通状態から非導通状態になることを（⑤　　　　　　）と呼んでいる．
　電力変換に応用されるサイリスタでは，交流電圧を整流して（⑥　　　　　　）を指標にしてゲート信号を入力することで負荷電流を調整する，（⑦　　　　　　）制御が用いられる．

問 6-10 ★☆☆❷　サイリスタの図記号を描き，端子名称を記入せよ．

問 6-11 ★★☆　サイリスタの電圧-電流特性グラフを描け．

問 6-12 ★★☆　サイリスタの導通状態が解除されるのは，どのような場合か答えよ．

CHAPTER 6　パワーエレクトロニクス

問 6-13 ★★☆　サイリスタとダイオードの構造的な違いと，動作時における違いを説明せよ。

問 6-14 ★★★❷　図のサイリスタ使用回路において，ゲート信号源から交流電源に同期した正のパルス電圧が出力されている場合，パルス電圧のタイミングが変化することにより，抵抗負荷の電流波形はどうなるか。図を描いて説明せよ。

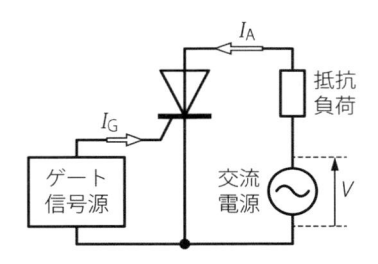

問 6-15 ★☆☆　npn 形と pnp 形トランジスタの図記号を描き，各端子名を記入せよ。

問 6-16 ★★☆❷　トランジスタの 2 つの作用である，増幅とスイッチングはどのようなものか，それぞれ説明せよ。

問 6-17 ★★☆　機械式スイッチ（電磁リレーなど）と比べ，半導体スイッチ（トランジスタなど）の優れている点を 3 つ以上答えよ。

問 6-18 ★☆☆　下図の記号の素子名と端子名を答えよ。

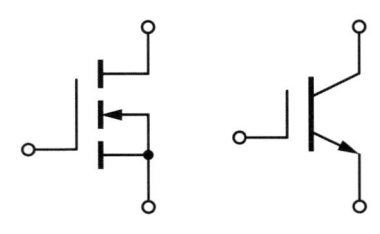

～～～～～～～～～～～～～～～ 解答 ～～～～～～～～～～～～～～～

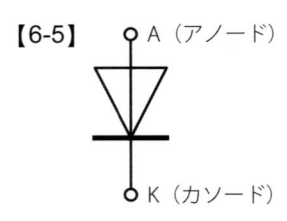

【6-5】 （図：ダイオード記号　A（アノード）／K（カソード））

【6-6】 ダイオードに逆方向電圧がかかっている領域ではほとんど電流は流れないが，一定以上の逆方向電圧を超えると急に電流が流れ始める現象のこと。ツェナー現象とも言う。

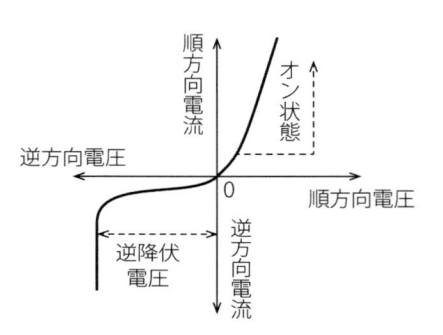

（図：ダイオードの電圧−電流特性。順方向電流／逆方向電圧／オン状態／順方向電圧／逆降伏電圧／逆方向電流）

【6-7】 ツェナーダイオード

【6-8】 フォトダイオードは光を受けると電流が流れる。発光ダイオードは電流が流れると光を発する。

【6-9】 ①トランジスタ　②スイッチ　③順　④ターンオン　⑤ターンオフ　⑥角度　⑦点弧角

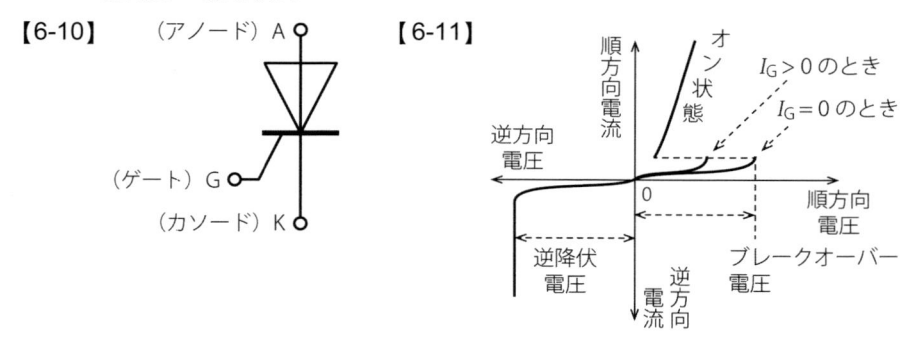

【6-10】 （図：サイリスタ記号　（アノード）A／（ゲート）G／（カソード）K）

【6-11】 （図：サイリスタの電圧−電流特性。順方向電流／オン状態／逆方向電圧／$I_G>0$のとき／$I_G=0$のとき／順方向電圧／逆降伏電圧／ブレークオーバー電圧／逆方向電流）

【6-12】 サイリスタに逆方向電圧がかかり，電流が十分に小さくなると，導通状態が解除される。

【6-13】ダイオードは PN の 2 層構造で，順方向電圧をかけると順方向電流が流れる。サイリスタは PNPN の 4 層構造で，順方向電圧がかかっているときにゲート信号を入力すると順方向電流が流れる。

【6-14】パルス電圧のタイミングが変化することによって，下図のように抵抗負荷へ流れる電流の波形（期間）が変わる。

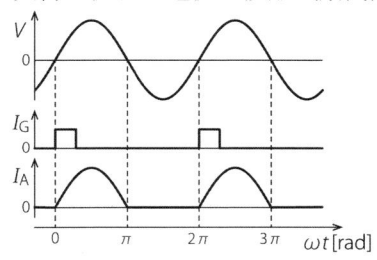

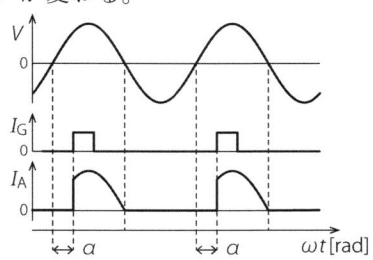

【6-15】

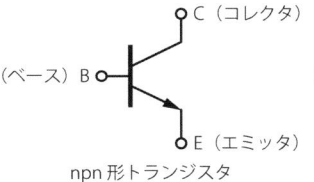

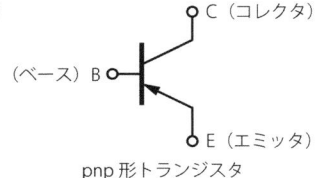

npn 形トランジスタ　　　　pnp 形トランジスタ

【6-16】トランジスタでは，小さな入力信号（入力電圧，入力電流，入力電力）を，大きな出力信号（出力電圧，出力電流，出力電力）にすることができる。その働きをトランジスタでの増幅という。
トランジスタはベース電流が流れているときはコレクタ電流が流れ（コレクタ-エミッタ間がオン），ベース電流が流れていないときにはコレクタ電流が遮断される（コレクタ-エミッタ間がオフ）。このオン／オフする動作をトランジスタでのスイッチングという。

【6-17】①サイクル寿命が長い（オン／オフできる回数が多い），②オン／オフの速度が速い，③故障が少なく，信頼性が高い，④比較的小型のまま大容量化できる　など

【6-18】

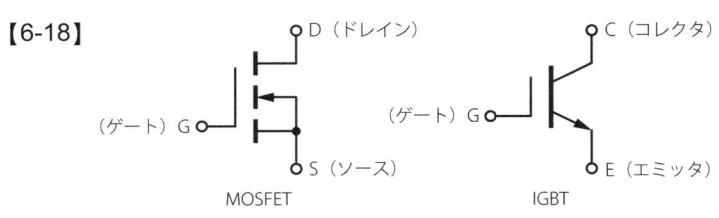

MOSFET　　　　IGBT

問 6-19 ★★☆　トランジスタの電流増幅に関する問いに答えよ。

(1) ❷　トランジスタの接地方式には，エミッタ接地のほかにどのようなものがあるか。

(2) ❷　pnp 形トランジスタのエミッタ接地回路を描き，その動作を説明せよ。またエミッタ接地増幅率 h_{FE} とベース電流 I_B，コレクタ電流 I_C の関係式を表せ。

(3)　npn 形トランジスタのエミッタ接地回路を描け。

(4)　$h_{FE} = 80$ のトランジスタを用いて 4 A の I_C を流したい。I_B はいくら必要か。

教科書補足事項　トランジスタの型番は以下のように分類される。

2SAxxxx：高周波用 pnp 形トランジスタ
2SBxxxx：低周波用 pnp 形トランジスタ
2SCxxxx：高周波用 npn 形トランジスタ
2SDxxxx：低周波用 npn 形トランジスタ
2SJxxxx：p チャンネル FET
2SKxxxx：n チャンネル FET　　　　　　　※ xxxx には数字が入る

問 6-20 ★★☆　次のトランジスタの型番表記から，pnp 形か npn 形か，また高周波用か低周波用かを答えよ。

① 2SC1875

② 2SA2436

6.2　整流回路と順変換

問 6-21 ★☆☆　整流回路とは何かを説明せよ。

問 6-22 ★★☆　整流回路がなぜ必要になるかを説明せよ。

問 6-23 ★☆☆❷　ダイオードが整流回路に用いられるのはなぜか。

問 6-24 ★☆☆　単相半波整流回路の回路図を描き，その電源電圧と負荷電圧の波形を描いて説明せよ。

問 6-25 ★★☆　単相半波整流回路と単相全波整流回路がどのように異なるかを，それらの動作も踏まえて説明せよ。

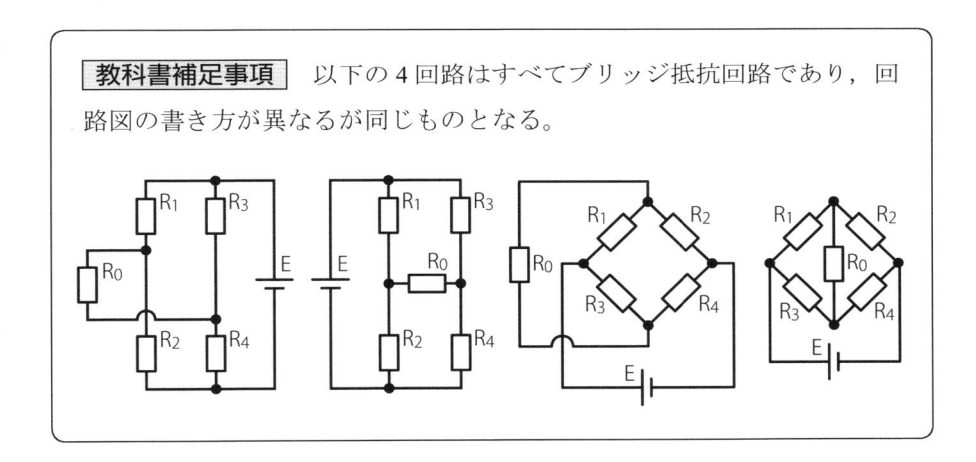

> **教科書補足事項**　以下の4回路はすべてブリッジ抵抗回路であり，回路図の書き方が異なるが同じものとなる。

問 6-26 ★☆☆　交流電源から単相全波整流回路を用いて，正の向きが図のとおりとなる直流電圧を得る場合，結線として正しいものは下図のうちどれか答えよ。

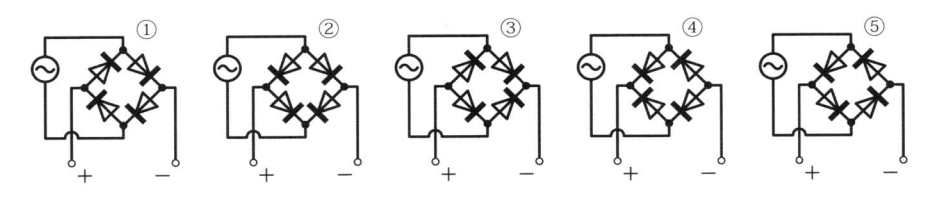

～～～～～～～～～～～ 解答 ～～～～～～～～～～～

【6-19】(1) コレクタ接地，ベース接地

(2) エミッタ接地では、エミッタが入出力に共通して接続される。ベースに流れる小さな電流に対して，大きなコレクタ電流が出力される。接地方式の中では最も増幅率が大きい。

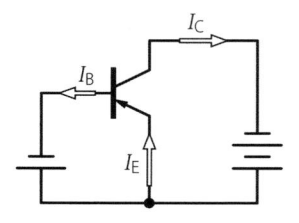

$h_{FE} = I_C / I_B$

(3)

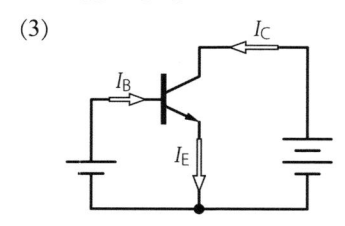

(4) $h_{FE} = I_C/I_B$ から，$I_B = I_C/h_{FE} = 4\,\text{A}/80 = 0.05\,\text{A}$ （$= 50\,\text{mA}$）

【6-20】①高周波用 npn 形
②高周波用 pnp 形

【6-21】交流から直流へ変換する回路を整流回路という。

【6-22】発電や送電においては交流電源が主となっているが，電子機器や電池類など直流電源を必要とする機器も多い。交流の周波数変換などもいったん直流とすることがある。そのため整流回路が必要になる。

【6-23】整流作用を持っているため。(解答 6-4 参照)

【6-24】単相半波整流回路の場合，ダイオードに逆電圧がかかる期間は負荷に対して電流が流れず，負荷電圧もゼロとなる。よって，電源電圧と負荷電圧の波形は右下図のようになる。

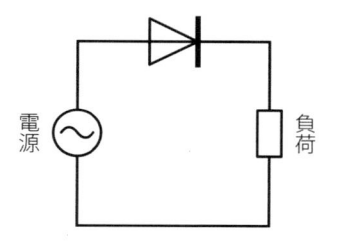

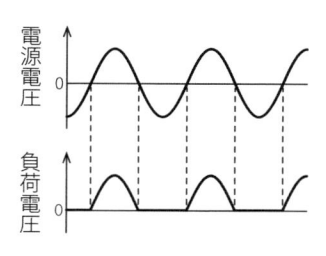

【6-25】単相半波整流回路では単一のダイオードしか用いていないため，左下図のように負荷電圧が継続してゼロとなる期間が生じる。単相全波整流回路では回路の 4 つのダイオードにより，右下図のように負荷電圧が継続してゼロになる期間がなくなる。

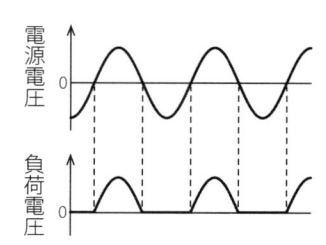

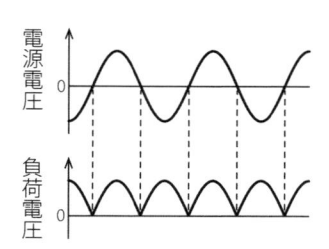

【6-26】④

問 6-27 ★☆☆　三相全波整流回路として正しい図はどれか答えよ。ただし U, V, W は三相電源に接続される端子である。

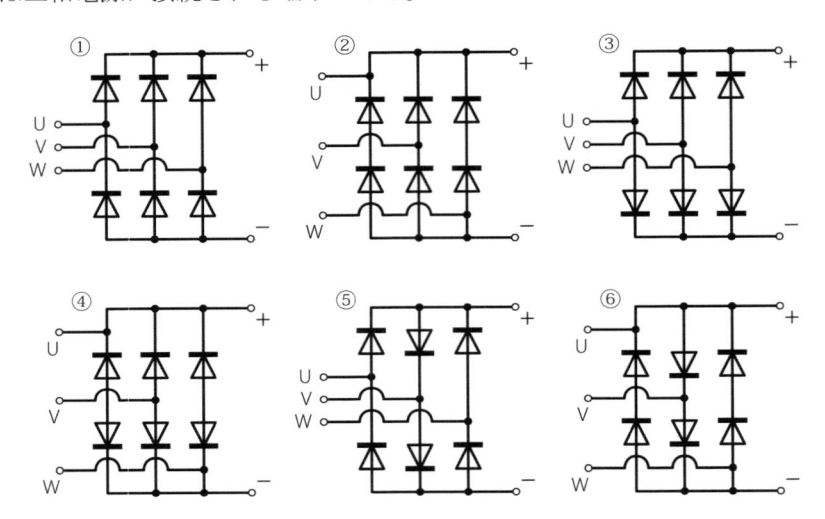

問 6-28 ★☆☆　問 6-27 の図のうち，正しい三相全波整流回路を用いたとする。U，V，W の電源線間電圧をそれぞれ V_{uv}，V_{vw}，V_{wu} としたとき，出力電圧波形は右下図のようになった。以下の問いに答えよ。
(1) V_{uv} が 200 V であったとき，出力される平均電圧 V_d を求めよ。
(2) 各期間に導通（オン）しているダイオード名の数字を，右下図の〇に記せ。
　　なお各ダイオード名は以下を参考のこと。

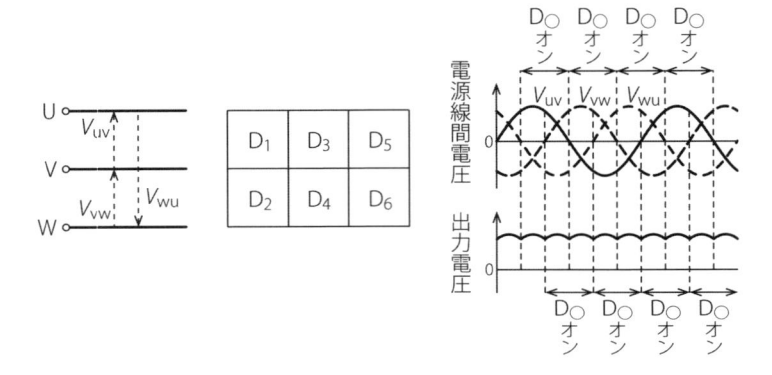

6.3 インバータ

問 6-29 ★☆☆ インバータとはどのようなものか，簡潔に答えよ。

問 6-30 ★★☆ 下の表は，電力変換方式と変換回路の名称を示したものである。空欄①〜③を埋めよ。

変換方式	変換回路名称
交流 → 直流	①
直流 → 交流	②
直流 → 直流	③

問 6-31 ★★☆ 左下図は単相電圧形インバータの回路図である。単相電圧形インバータとはどのようなものかを，この回路図を参考にして説明せよ。また，負荷電圧を右下図にするためには，スイッチ S_1 〜 S_4 のオンのタイミングをどのようにするとよいか。右下図のオンする素子名の○に数字を記せ。

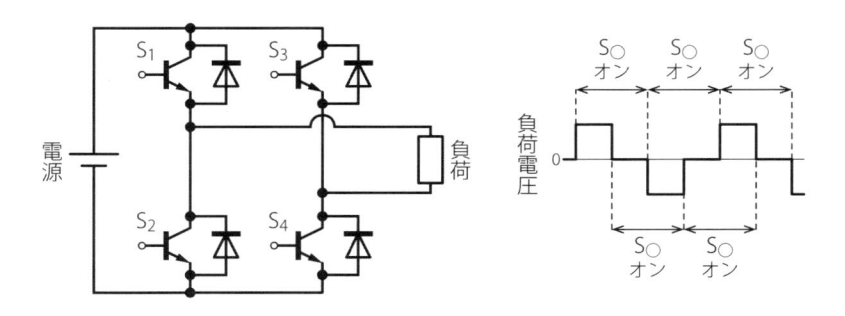

問 6-32 ★★☆ PWM 制御とはどのようなものかを説明せよ。

～～～～～～～～～～～～～～解答～～～～～～～～～～～～～～

【6-27】①

【6-28】(1) $V_d = \dfrac{3}{\pi}\displaystyle\int_{\pi/6}^{3\pi/6} \sqrt{2}\,V_{uv}\sin\left(\omega t + \dfrac{1}{6}\pi\right)d\omega t = \dfrac{3\sqrt{2}}{\pi}V_{uv}$

$= 1.35 V_{uv} = 1.35 \times 200 = 270\ [\text{V}]$

(2) 各期間に導通しているダイオードは，下図を参照のこと．

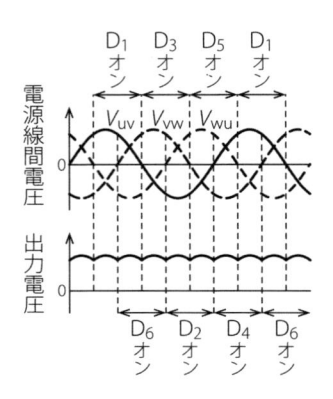

【6-29】インバータとは，直流電源を交流電源に変換する回路のことで，逆変換装置とも呼ばれる。

【6-30】①コンバータ
②インバータ
③ DC-DC コンバータ

【6-31】左下図の回路は，直流を入力電源として，4 つのトランジスタなどを負荷部に対してブリッジ状に接続し，それらのスイッチをルールに従ってオン／オフ（スイッチング）することで，右下図のように負荷に対して正負の電圧を交互に，すなわち交流電圧をかけることができる。各期間にオンする素子名は右下図を参照のこと。

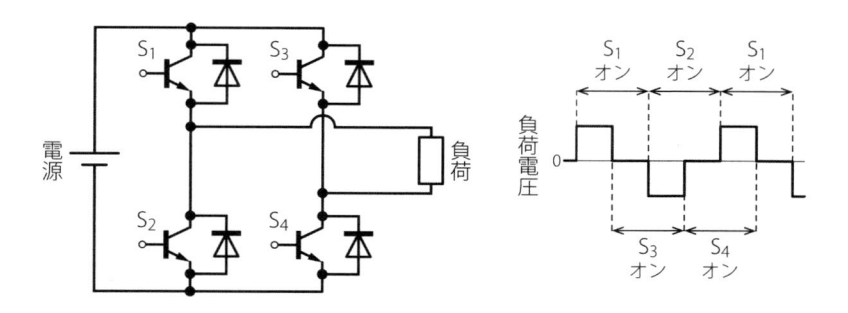

【6-32】PWM 制御とは，スイッチングの周期（スイッチング周波数）が一定のもとで，スイッチのオン期間を変化させることによって，出力電圧などを調整する制御方法のこと。

問 6-33 ★★★　左下図は三相電圧形インバータを示している。出力電圧を右下図にするためには，スイッチ S1〜S6 のオンのタイミングをどのようにするとよいか。表の空欄にオンにする素子名を記せ。

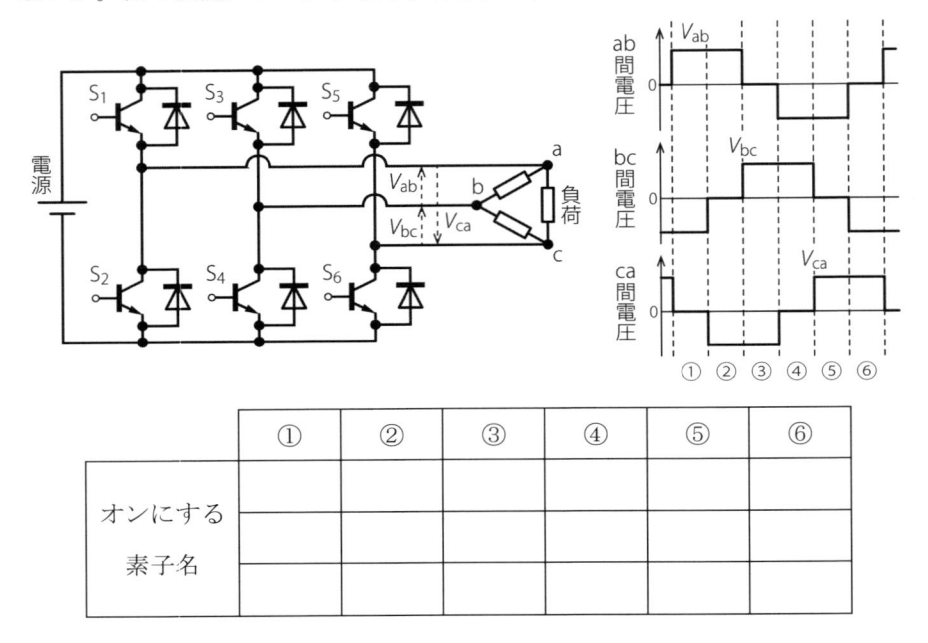

	①	②	③	④	⑤	⑥
オンにする素子名	S1, S4, S5	S1, S4, S6	S1, S3, S6	S2, S3, S6	S2, S3, S5	S2, S4, S5

問 6-34 ★★☆　インバータによる電動機制御が用いられている分野を複数挙げよ。

問 6-35 ★★☆❷　蛍光灯の点灯回路に関する問いに答えよ。

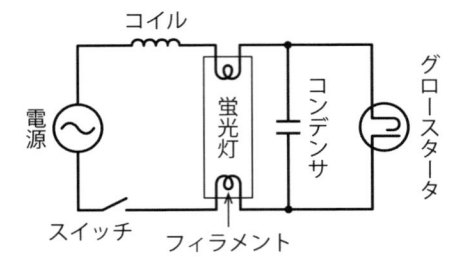

(1) 上の回路を用いたとき，その蛍光灯点灯時の動作を説明せよ。
(2) 点灯回路中のコイルとコンデンサの役割を説明せよ。

CHAPTER 6　パワーエレクトロニクス

チャレンジ問題

ノイズに関する以下の問いに答えよ。
(1) 電機分野でいうノイズとは何かを説明せよ。
(2) ノイズを取り除くために用いる，L（コイル），C（コンデンサ），R（抵抗）からなる簡易な回路を何というか。
(3) 原因や性質により分類される電気的なノイズの種類をできるだけ多く挙げ，それぞれを説明せよ。
(4) スパイク電圧やサージ電圧は回路にどんな影響を与えるかを説明せよ。

※教科書『船の電機システム』p.196 のコラムなどがヒントです。

～～～～～～～～～～　解答　～～～～～～～～～～

【チャレンジ】

(1) 電圧や電流などの乱れのことをいう。ただし，整っている電気信号でも，目的に合致しないものや想定外の信号はノイズに分類される。

(2) フィルタ

(3) 電磁誘導ノイズ：電磁波として空中を伝播してくるノイズ
電源ノイズ：接続されている電源から伝わってくるノイズ
静電気ノイズ：電荷の集中によって起こるノイズ
光に起因するノイズ：光により半導体に起電力が発生してしまうなどで生じるノイズ
回路などに起因するノイズ：回路や配線のとり回し，部品構成や半導体自身などで生じるノイズ

(4) 回路中の異常な電圧変化により誤動作が発生したり，回路に用いられている半導体などが破損して動作不能に陥ったりする。

―――――― 解答 ――――――

【6-33】

	①	②	③	④	⑤	⑥
オンにする素子名	S1	S1	S1	S2	S2	S2
	S4	S4	S3	S3	S3	S4
	S5	S6	S6	S6	S5	S5

【6-34】工場でのロボット，工作機やその他設備，電車，エレベータ，乗用車，家電製品など

【6-35】(1) 蛍光灯の点灯回路のスイッチオン後の点灯動作は下図に示すようになる。

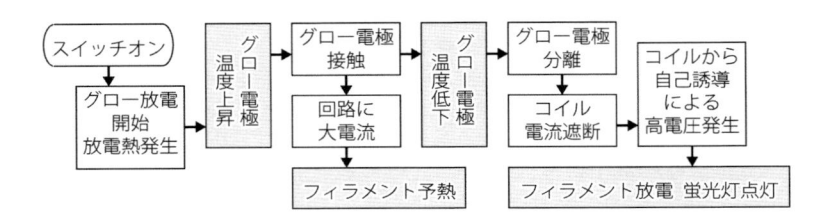

スイッチオン → グロー放電開始 放電熱発生 → グロー電極温度上昇 → グロー電極接触 → 回路に大電流 → フィラメント予熱 → グロー電極温度低下 → グロー電極分離 → コイル電流遮断 → コイルから自己誘導による高電圧発生 → フィラメント放電 蛍光灯点灯

(2) 点灯回路中のコイルは，点灯時に誘導起電力によって高電圧を発生させるのみでなく，点灯中には電流安定の役割を持つ。また，コンデンサはグロースタータ動作時の電圧の安定やノイズ発生の防止のために配置されている。

CHAPTER 7

船舶における電気技術

7.1 配電システム

問 7-1 ★☆☆　下図は，船内電気系統の概要を示す。A～D が示す盤名と，①～⑤が示す電気機器名を，それぞれ答えよ。

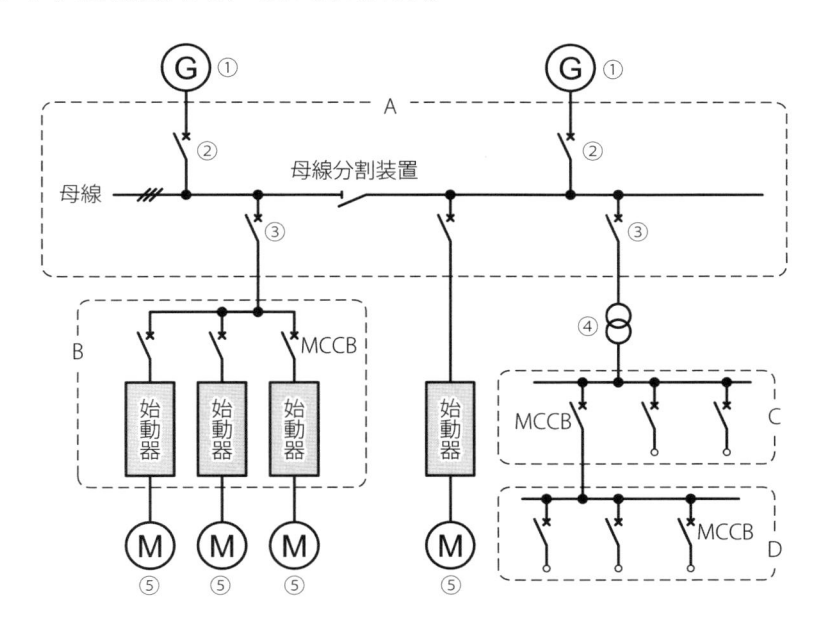

問 7-2 ★☆☆　気中遮断器の保護装置試験を 3 つ答えよ。

高圧配電システム

　通常の船の発電機は，440Vの電圧を母線に供給している。しかし，電気推進船や大型コンテナ船など，10MVA以上の電力を必要とする船では，発電機や母線の大型化を抑制するため，より高い電圧を供給する発電機と，その高圧に対応した配電盤や遮断器が搭載されている。このようなシステムを，高圧配電システムという。大型コンテナ船では6600V，電気推進船では22000Vやそれ以上の高圧配電システムが採用されている。

　コンテナ船の場合，8000TEU（8千個の20フィートコンテナを積載できるサイズ）以上の大型船において，高圧配電システムが採用されている。コンテナ船は，積荷のコンテナのうちの20％が冷凍コンテナであると想定し，それらの冷凍機に給電できる容量の発電機を搭載しているからである。

　さらに，コンテナ船の場合，米国などのコンテナターミナルにおいて，環境への配慮から，船内の発電機を停止し，陸上から受電することが要求されている。その陸上電源の電圧は6600Vであることが多い。高圧配電システムを搭載したコンテナ船であれば，陸上からの受電が容易である。

　また，船体に搭載されるバウスラスター（船首を左右に振る装置）の電動機は，単独で大きな電力を消費する負荷である。このような大きな負荷は，電動機の大型化を抑制するため，6600Vの電圧で駆動される。LNG（液化天然ガス）船のカーゴポンプ（荷揚げ用ポンプ）の電動機も，6600Vの電圧で駆動される。高圧配電システムは，これらへの直接の給電が可能である。

　その他の多くの細かな負荷（小さなポンプの電動機や個々のコンテナの冷凍機など）には，高圧配電システムを採用している船でも，変圧器で440Vに下げられた電圧を供給するものとなっている。その際，船内全体に6600Vの配線をループ状に敷設し，負荷に近い位置に変圧器を配置し，440Vの配線が短くなるよう工夫することで，エネルギーの損失を抑制できる。

　　　　　　　　　　　　　　　（参考：全日本船舶職員協会提供資料）

CHAPTER 7　船舶における電気技術

～～～～～～～～～～～～～～ 解答 ～～～～～～～～～～～～～～

【7-1】　A：主配電盤（MSB）

B：集合始動器盤（GSP）

C：区電盤

D：分電盤

①交流発電機

②気中遮断機（ACB）

③配線用遮断器（MCCB）

④変圧器

⑤誘導電動機

【7-2】①過電流継電器試験

②逆電力継電器試験

③低電圧引外し試験

115

問 7-3 ★★★❸　電気機器の熱的保護の種類である，選択遮断保護および後備遮断保護とは何か，説明せよ。

問 7-4 ★☆☆　配電盤に装備される保護装置について以下の空欄に適する語句を答えよ。

　船内がブラックアウトすることは避けなければならないため，（①　　　　　　　　　　）が過負荷で作動する前に，船内の（②　　　　　　　　　　）の遮断器（MCCB の瞬時引外し機能）を自動的に遮断するようにする。この遮断方式を（③　　　　　　　　　　）という。

　②としては，（④　　　　　　　　　　），賄室諸装置などがある。なお，②の遮断器は，（⑤　　　　　）色の線で配電盤にマークしてある。

問 7-5 ★★☆　優先遮断（Preference Trip）方式とは，どのような遮断方式か，説明せよ。

問 7-6 ★★★❸ 配電盤に装備されている接地灯とは何か，説明せよ。また，接地（アース）をしている箇所の調べ方について，説明せよ。

問 7-7 ★★☆❸ 下の図は接地灯の接続図である。表示灯 L_1, L_2, L_3 と試験用押しボタンスイッチ TB，接地箇所 A 点は図のように接続されている。以下の問いに答えよ。

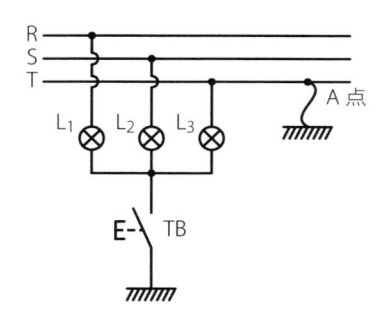

(1) スイッチ TB を押していないとき（オフのとき），各相の表示灯はどのような状態であるか，説明せよ。
(2) スイッチ TB を押しているとき（オンのとき），各相の表示灯はどのような状態であるか，説明せよ。
(3) 接地箇所が A 点ではなく不明であったが，接地灯で試験を行った際に L_1 が消灯していたとする。図を参照して接地相を答えよ。

～～～～～～～～～～～～解答～～～～～～～～～～～～

【7-3】選択遮断保護とは，系統内の電気設備または電路の故障によってその回路に過電流や短絡電流が流れたとき，故障点に最も近い保護装置だけが作動して故障回路だけを系統から切り離し，他の健全な回路への給電を持続できるようにする方式の保護である。

後備遮断保護とは，故障点の保護ブロック内では保護しきれない場合において，電源側の保護装置でバックアップする方式の保護である。

【7-4】①気中遮断器
②非重要負荷
③優先遮断方式
④冷房装置
⑤黄

【7-5】気中遮断器が過負荷で作動する前，船内のブラックアウトを避けるため，船内の非重要負荷の遮断器（MCCB の瞬時引外し機能）を自動的に遮断する方式。非重要負荷としては，冷房装置，賄室諸装置などがある。

【7-6】接地灯（Earth Lamp）は，相電路の接地（アース）の有無を検知する表示灯として，配電盤に装備されているものである。どの相が接地したかを確認するためには，試験用押しボタンスイッチを押す。このとき，正常相（接地されていない相）の表示灯は明るく点灯するのに対し，接地している相の表示灯は消える。この表示灯の明暗によって接地相を発見できる。

接地箇所の調査方法は以下のとおりである。まず配電盤側より回路ごとに順次調査する。接地している回路が判明すれば，その回路の接続箱などの接続部を順次取り外してみて，回路の末端へと調査を進めていく。電気機器が接地している場合は，電源を切り，テスタ，絶縁抵抗計（メガー）などを使用して，電線と船体間の絶縁抵抗を計測する。

【7-7】(1) スイッチ TB が押されていないとき，表示灯 L_1，L_2，L_3 は点灯している。すべての相が接地されていないときも，試験時に同じ点灯状態となる。

(2) A 点で接地されているため，スイッチ TB を押すと，表示灯 L_1 と L_2 は押す前と変わらず点灯しているが，表示灯 L_3 は消灯する。

(3) R 相が接地されている。

| 教科書補足事項 | ヒューズとは，ある一定以上の電流が流れると溶断（断線）し，電路を開く電気部品である。そのヒューズ本体には溶断する目安の電流値が表示してある。ヒューズを取り付ける際には，まずヒューズが取り付けられる電気回路の定格電流を求め，その電流値にあったヒューズを選ぶ必要がある。たとえば，5Aのヒューズを取り付けなければならない回路に，20Aなどの比較的容量の大きなヒューズを取り付けてしまうと，回路に過電流が流れてもヒューズが溶断しない。そのため，回路や電気部品を守るために設けられたヒューズが本来の役目をなさず，回路や部品が過電流で破損してしまう。その他，溶断時間やモータ用，半導体用など，さまざまな特性を踏まえてヒューズを選ぶ必要がある。

ヒューズが溶断した場合には，すぐに新しいヒューズに取り替えるのではなく，回路の点検を行い，短絡（ショート）あるいは各電気部品に異常がないか確認した後，同容量，同特性のヒューズを取り付ける。

問 7-8 ★★☆ ある電気回路のヒューズ（定格 2A）の溶断が疑われた。点検交換時の注意点を説明せよ。

> **教科書補足事項** 船で用いられる電気設備の絶縁抵抗は，船舶設備規程で以下のように規定されている。
>
> 第194条 発電機の絶縁抵抗は，次の算式を満足するものでなければならない。
>
> $$絶縁抵抗 = \frac{定格電圧 \times 3}{定格出力（\text{kW または kVA}）+ 1000} \text{[MΩ]}$$
>
> 第224条 配電盤の絶縁抵抗は，1 MΩ 以上でなければならない。
>
> 第262条 照明設備，動力設備及び電熱設備へ給電する電路の絶縁抵抗は，次に掲げる値より大でなければならない。
>
> | 電路の定格電流 | 5A 未満 | 5A 以上 10A 未満 | 10A 以上 25A 未満 | 25A 以上 50A 未満 | 50A 以上 100A 未満 | 100A 以上 200A 未満 | 200A 以上 |
> |---|---|---|---|---|---|---|---|
> | 絶縁抵抗 | 2 MΩ | 1 MΩ | 0.4 MΩ | 0.35 MΩ | 0.1 MΩ | 0.05 MΩ | 0.025 MΩ |
>
> 2 船内通信及び信号設備に利用する電路の絶縁抵抗は，次の各号による。
>   一 電路電圧 100 ボルト以上のもの　1 MΩ 以上
>   二 電路電圧 100 ボルト未満のもの　0.35 MΩ 以上
>
> 第292条 電熱設備の絶縁抵抗は，1 MΩ 以上でなければならない。

問 7-9 ★★☆❸ 舶用機器の絶縁抵抗について，以下の問いに答えよ。

(1) AC 450 V，100 kW の同期発電機に必要とされる絶縁抵抗を求めよ。

(2) AC 220 V，10 kW の三相誘導電動機の力率が 80%，効率が 90% であった。この電動機の回路に必要とされる絶縁抵抗を求めよ。

(3) AC 100 V を電源とする通信機器に必要とされる絶縁抵抗を求めよ。

~~~~~~~~~~~~~~~~~~~~~~~~~~~~~~ 解答 ~~~~~~~~~~~~~~~~~~~~~~~~~~~~~~

【7-8】 まずその電気回路が組み込まれている機器の電源を遮断し，ヒューズが溶断しているかどうかを確かめる。溶断していない場合は，ヒューズの取り付け不良やヒューズ自体の不良を確認し，正常であるなら回路の他の部分を点検する。ヒューズが溶断している場合は回路の点検を行い，異常が確認されなかった場合は溶断されたヒューズを同容量，同特性のものと取り換える。

~~~~~~

絶縁抵抗計（メガー）による測定法と測定時の注意事項

① 測定前に必ず電池をチェックするとともに，LINE 側端子と EARTH 側端子を短絡して，指示値がゼロになることをチェックする。絶縁抵抗計に異常がないことを確認する。

② 被測定回路（被測定機器）が，無電圧になっていることを確認する。

③ 測定は，EARTH 側端子を測定対象の接地端子に接続し，LINE 側端子を測定端子に接触させてから，測定ボタンを押して数値を読み取る。

④ LINE 側端子や測定端子などに触れると感電するので，測定中は被測定回路（被測定機器）に近寄らない。

【7-9】(1) AC 450 V，100 kW の同期発電機に必要とされる絶縁抵抗は，次の式により求められる。

$$絶縁抵抗 = \frac{450 \times 3}{100 + 1000} = 1.23 \,[\mathrm{M\Omega}]$$

(2) この電動機の定格電流は，$P = \sqrt{3}\,VI\cos\varphi\eta$ から以下のように求められる。

$$\frac{10 \times 10^3}{\sqrt{3} \times 220 \times 0.8 \times 0.9} \simeq 36.4 \,[\mathrm{A}]$$

よって，その電路に必要とされる絶縁抵抗は $0.35\,\mathrm{M\Omega}$ となる。

(3) $1\,\mathrm{M\Omega}$

船内配線

船舶設備規程には，以下のことが示されており，船内配線はこの規定を順守しなければならない。

第238条　照明設備，動力設備及び電熱設備の回路による電圧降下は，設備の定格電圧の5パーセント以下でなければならない。ただし，回路電圧が24ボルト以下の回路については，この限りでない。

また，船内配線は，電線の温度上昇を一定限度内に抑えられ，最大電流と許容電流以下で使用できるように，太さ，材質が考慮され，難燃性のケーブルが用いられる。

問 7-10 ★★☆❸　力率（PF, Power Factor）とは何か，説明せよ。また，力率が $\cos\theta$ と表されるとき，その θ は何を示すか，答えよ。

> **教科書補足事項**　配電盤の形式には，表面に導電部が露出しているライブフロント形（Live-front Switch Board）と，導電部が全部裏面に隠され，表面からハンドルで操作するデッドフロント形（Dead-front Switch Board）とがある。供給電圧が，直流，交流にかかわらず 50 V を超える配電盤は，デッドフロント形を使用する。

問 7-11 ★★☆❸　配電盤の形式は，操作する盤面における導電部の保護の状態によって，2 種類に分類される。それぞれの形式の名称と特徴を説明せよ。また，100 V の交流回路においては，どちらの形式を用いるべきか答えよ。

> **教科書補足事項**　何らかの原因でブラックアウトが発生すると，すべての電動機は停止する。その後，電源を復旧してこれらの電動機を一斉に始動させてしまうと，負荷電流の 5〜6 倍の始動電流が流れ，過電流により再び遮断器がトリップし，ブラックアウトに陥る危険性がある。そこで，重要度の高い補機から順に始動させることがある。このような制御を，補機の順次始動制御（シーケンシャルスタート，Sequential Start）という。

問 7-12 ★★☆❸　補機の順次始動制御（シーケンシャルスタート，Sequential Start）とはどのような制御か，説明せよ。また，その制御を行わない場合，どのような危険が生じうるか，答えよ。

7.2 非常用電源

問 7-13 ★★☆　鉛蓄電池の放電終止電圧とは何か，説明せよ。

問 7-14 ★★☆❸　鉛蓄電池における過放電と自己放電について説明せよ。

問 7-15 ★★★　鉛蓄電池の充電方法の1つである浮動充電法は，負荷へ安定した電力が供給されることや蓄電池の寿命が長くなるなどの利点があり，船舶では広く利用されている。浮動充電方法とは，どのような充電方法か，説明せよ。

問 7-16 ★★☆　鉛蓄電池の取扱い上の注意事項を答えよ。

教科書補足事項　電池の容量は，長時間使用する間に徐々に低下し，ついに使用に耐えられなくなる。蓄電池の寿命は，定格容量の80%に容量が低下するまでの充電回数または耐用年数で表すが，寿命の長短は使用条件や保守取扱いの良否によって左右される。とくに，以下に示す要因に大きく影響を受ける。
① 電解液の比重
② 電解液温度
③ 充電の過不足
④ 過放電

問 7-17 ★★☆❸　鉛蓄電池の寿命は，どのような要因により左右されるか，説明せよ。

～～～～～～～～～～～～～～～～ 解答 ～～～～～～～～～～～～～～～～

【7-10】直流回路の電力は電圧と電流の積で求められるが，交流回路の電力の平均値（有効電力）は，電圧と電流の積（皮相電力）よりも小さくなる。力率とは，この有効電力の，皮相電力に対する比率である。通常，力率の値は 0.8（80％）程度である。

力率を $\cos\theta$ と表すとき，θ は電圧と電流の位相差を示す。

【7-11】ライブフロント形とデッドフロント形とがある。

ライブフロント形は，表面に導電部が露出している形式である。

デッドフロント形は，導電部が全部裏面に隠され，表面からハンドルで操作する形式である。

100 V の交流回路においては，50 V を超えているので，デッドフロント形の配電盤を用いなければならない。

【7-12】シーケンシャルスタートとは，ブラックアウト後，電源を復旧した際に，重要度の高い補機から順に始動させる制御のことである。もしこの制御を行わず，重要度の低い補機まで一斉に始動させてしまうと，負荷電流の 5〜6 倍の始動電流が流れ，過電流により再び遮断器がトリップし，ブラックアウトに陥る危険性がある。

【7-13】電圧が 1.8V 程度以下になるまで鉛蓄電池が放電すると，極板が損傷を受け，蓄電池の容量が減少する。このような悪影響を受けることのない限界の電圧のことを，放電終止電圧という。

【7-14】過放電とは，放電終止電圧を下回る電圧となった蓄電池を，なおも放電させることである。

自己放電とは，蓄電池が，使用されない間にも，時間の経過とともに電気エネルギーを失う現象のことである。

【7-15】浮動充電法とは，充電器（整流器）と蓄電池および負荷を並列に接続し，自己放電を補う程度の電圧（浮動充電電圧）を加えて 10 時間放電率の 1% 程度の電流を流し，つねに充電状態とする方法をいう。

【7-16】①過放電させない。過放電すると両極板に硫酸鉛の硬い白色の結晶が発生し，充電不能となる。

②充電中は酸素と水素の混合ガスを発生するから，換気を良くし，火気に注意する。蓄電池室の電灯は防爆形にする。

③急激な充電は行わない。

【7-17】①電解液の比重

②電解液温度

③充電の過不足

④過放電

教科書補足事項 鉛蓄電池の充電時の注意事項を，以下に示す。

①充電電流は，最大電流を超過させないようにする。

②過充電しない。

③充電中は，電池本体の温度が上昇するため，電解液の蒸発が盛んになる。そのため，電解液が45℃以上に上昇する恐れがある場合は，一時充電を中断するか充電電流を下げるなど，温度上昇を防ぐ措置をとる。

④充電中，電解液量と密度に注意し，規定より液量が減り，密度が上昇していれば，蒸留水を加えて調整する。

⑤充電中は，酸素と水素の混合ガスを発生するので，常時換気を行うとともに火気に注意する。

⑥結線方法が間違っていないか確認する。

⑦複数の電池を充電する場合は，各電池が均等に充電されているか確認する。

鉛蓄電池の放電時の注意事項を，以下に示す。

①過放電しない（電圧が放電終止電圧以下になるまで使用しない）。

②ひと月に1回程度，全放電を行い，その後，過充電を行って，極板の内部まで十分に化学変化をさせる。過充電を頻繁に行うのは電池の寿命が短縮するため好ましくないが，極板面に白色硫酸鉛の結晶が発生したときには，電池の故障を未然に防ぐ目的で，充電完了後も1〜2時間続けて，小電流で充電する。

③自己放電により，休止中も蓄電池容量が低下するため，ひと月に1〜2回程度充電を行う。

問 7-18 ★★☆❸ 鉛蓄電池の充電時の注意事項を答えよ。

7.3 軸発電機

問 7-19 ★★★❶ 主機関と軸駆動発電機の結合方式である周波数補償形について図示し，説明せよ。

軸発電機

━━━━━━━━━━━━━━━━━━ 解答 ━━━━━━━━━━━━━━━━━━

【7-18】①充電電流は，定格最大電流を超過させないようにする。

②過充電させない。

③充電中は，電池本体の温度が上昇するため，電解液の温度が高くなりすぎないように注意する。

④充電中，電解液量と密度に注意し，規定より液量が減り，密度が上昇していれば，蒸留水を加えて調整する。

⑤充電中は，酸素と水素の混合ガスを発生するので，常時換気を行うとともに火気に注意する。

⑥結線方法が間違っていないか注意する。

⑦複数の電池を充電する場合は，各電池が均等に充電されているか確認する。

【7-19】パワーエレクトロニクスを適用した周波数補償形の軸発電システムを下図に示す。この方式は軸発電機（SG），周波数変換装置（FCP）および同期調相機（SC）で構成される。

周波数が変動する軸発電機の出力電力は，いったんコンバータで直流に変換される。その後，インバータで周波数一定の交流電力に再変換され，船内系統に供給される。

同期調相機はサイリスタの転流に必要な電圧の確保，出力電圧波形の成形，高調波の吸収および，負荷側に必要な無効電力を供給する目的で設けられる。現在の周波数補償形の軸発電システムは，動作原理が簡単で堅牢なサイリスタインバータで構成されている。

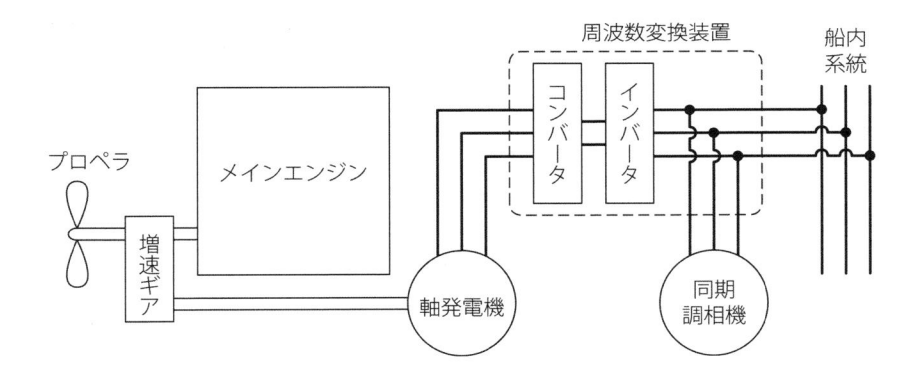

7.4 電気推進船

問 7-20 ★☆☆ 以下は電気推進船に関する説明文である。空欄①〜⑨に適合する語句を答えよ。

電気推進船（Electric Propulsion Ship）は，調査船や高級クルーズ客船，砕氷船など限られた船舶にしか搭載されてこなかったが，（①　　　　　　　　　　）技術の導入による交流電動機の可変速運転が可能になったことから，急速にその用途が商船の世界に広がりつつあり，①を適用しない場合の（②　　　　　　　　　　）方式と，適用した（③　　　　　　　　　　）方式がある。

①を適用しない②方式は，発電機と電動機を直結する。この方式では電動機の回転速度を一定とし，プロペラに（④　　　　　　　　　　）を使用し，プロペラピッチを変化させることにより推進速度を調整する。

①を適用する③方式は，プロペラは固定ピッチプロペラとし，（⑤　　　　　　　　　　）によって電動機を可変速度運転して推進速度を調整するものである。これにより，①方式に比べ，高効率，低騒音を実現できる。なお，⑤の出力電源は（⑥　　　　　　　　　　）電源とし，電圧／周波数比が一定になるように周波数を変化させる。①技術の進歩によって，従来は（⑦　　　　　　　　　　）をサイリスタレオナードで運転する方式であったが，交流電動機を（⑧　　　　　　　　　　）で運転する方式となり，現在は⑤で（⑨　　　　　　　　　　）を運転する方式へと移行した。

CHAPTER 7　船舶における電気技術

> **教科書補足事項**　電気推進船や大型コンテナ船などのように船内電力が大きくなった場合，従来の発電機では発電機容量に限界が生じる。そこで発電機電圧を，従来のAC 440 VからAC 3300 V，AC 6600 Vの高電圧にすることで，発電機の大容量化に適応している。一般的に発電機容量の合計が10 MVA以上になると，高圧配電システムが採用される。今後は高圧配電システムを採用する船舶が増えると考えられる。
>
> 　高電圧になると危険性が増し，とくに感電に注意が必要である。感電とは，人体へ電流が通電され，傷害，生理学的影響が生じることをいう。感電すると，熱傷，火傷，筋肉の痙攣などを引き起こし，呼吸停止，心拍停止によって死に至る可能性もある。そこで，高電圧配電盤には安全対策が施され，絶縁性が強化されている。感電防止の観点から，高圧配電盤においても，低圧配電盤と同様に裸充電部への近接を避けるためデッドフロント形を採用している。さらに，保護形式を強化するため，高圧部分と低圧部分の分離装備，誤投入防止のためのインターロックを装備している。
>
> 　高圧配電盤の構成では，低圧配電盤と異なる特殊部品が装備されている。たとえば，高圧配電盤では，遮断器にACBではなく，VCBが採用されている。また，母線には，樹脂でできた絶縁素材により保護カバーを装備している。
>
> 　　　　　　　　　　　　　　　　　　　　　（参考：JRCS提供資料）

問 7-21 ★☆☆　以下は高圧配電システムに関する説明文である。空欄①〜⑤に適合する語句を答えよ。

　電気推進船のように船内電力が大きくなる場合，発電機電圧を従来のAC 440 VからAC（①　　　　）VまたはAC（②　　　　）Vの高電圧にすることで，発電機や各機器は小型化や大容量化を実現する。高電圧では危険性が増し，とくに感電に注意が必要である。そのため，高圧配電盤の配電盤形式は（③　　　　　　　）形を採用している。さらに，保護形式を強化するため，高圧部分と低圧部分の分離装備，あるいは誤投入防止のための（④　　　　　　　　　）を装備している。また，遮断器にはACBでなく，（⑤　　　　）が採用される。

～～～～～～～～～～～～～解答～～～～～～～～～～～～～

【7-20】①パワーエレクトロニクス

②定速度

③可変速度

④可変ピッチプロペラ

⑤インバータ

⑥VVVF

⑦直流電動機

⑧サイクロコンバータ

⑨誘導電動機

【7-21】① 3300 （①②順不同）
　　　　② 6600
　　　　③デッドフロント
　　　　④インターロック
　　　　⑤ VCB（真空遮断器）

〈編者紹介〉

商船高専キャリア教育研究会

商船学科学生のより良きキャリアデザインを構想・研究することを目的に，2007年に結成。
富山・鳥羽・弓削・広島・大島の各商船高専に所属する教員有志が会員となって活動している。
2022年は富山高等専門学校が事務局を担当している。

連絡先：〒933-0293
　　　　富山県射水市海老江練合1-2
　　　　富山高等専門学校　商船学科　気付

ISBN978-4-303-31501-6

マリタイムカレッジシリーズ

船の電機システム ［ワークブック］

2015年10月20日　初版発行　　　　　　　　　　　　Ⓒ 2015
2022年 4月15日　2版発行

編　者　商船高専キャリア教育研究会　　　　　　　検印省略
発行者　岡田雄希
発行所　海文堂出版株式会社
　　　　本　社　東京都文京区水道2-5-4（〒112-0005）
　　　　　　　　電話 03(3815)3291(代)　FAX 03(3815)3953
　　　　　　　　http://www.kaibundo.jp/
　　　　支　社　神戸市中央区元町通3-5-10（〒650-0022）
日本書籍出版協会会員・工学書協会会員・自然科学書協会会員

PRINTED IN JAPAN　　　　　　　　　印刷　東光整版印刷／製本　誠製本

JCOPY ＜出版者著作権管理機構　委託出版物＞
本書の無断複製は著作権法上での例外を除き禁じられています。複製される場合は，そのつど事前に，出版者著作権管理機構（電話03-5244-5088，FAX 03-5244-5089，e-mail: info@jcopy.or.jp）の許諾を得てください。